PERCEMENT

DE

L'ISTHME DE PANAMA

PAR

LE CANAL DE NICARAGUA.

EXPOSÉ DE LA QUESTION.

Par M. FÉLIX BELLY.

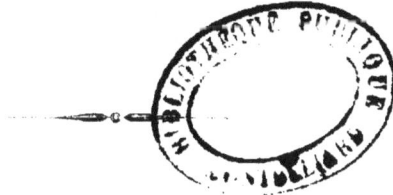

PARIS,

AUX BUREAUX DE LA DIRECTION DU CANAL,

27, Rue Laffitte, 27,

ET A LA LIBRAIRIE NOUVELLE,

15, Boulevard des Italiens, 15.

—

1858

Les pages qui suivent sont le résumé rapide d'un travail plus complet, poursuivi dans le calme de l'étude, et dont la publication est retardée par d'inévitables soins matériels. Mais la situation politique s'étant dessinée par des faits récents dans l'Amérique centrale, de nombreuses et imposantes sollicitations nous obligent à rompre le silence prématurément, et à saisir sans délai le public d'une question qui intéresse l'Europe et le monde entier. Les événements nous font une loi de mettre l'opinion publique en demeure de se prononcer.

Nous nous bornerons donc à exposer les conditions économiques, techniques et financières du sujet; la question politique est du ressort des gouvernements, qui sauront la résoudre, sans aucun doute, avec l'ampleur et l'élévation qu'elle comporte.

PERCEMENT

DE

L'ISTHME DE PANAMA

PAR

LE CANAL DE NICARAGUA.

I.

LA CONVENTION DE RIVAS.

Le 1er mai 1858, à Rivas de Nicaragua, au milieu d'un concours de circonstances pleines de grandeur, une Convention a été signée qui ouvre à la civilisation une voie nouvelle et des horizons illimités. Beaucoup de bruit s'est déjà fait autour de cette Convention. Elle a provoqué, dès le premier jour, de vives sympathies dans la presse et dans les sphères supérieures ; en revanche, elle a été l'objet, de l'autre côté de l'Océan, de quelques appréciations trop passionnées et trop peu libérales pour qu'on en tienne compte. La jalousie américaine, si exclusive dans ses prétentions, a semblé voir dans cet événement d'ordre général un échec pour ses intérêts et pour sa politique. Nous ne voulons pas examiner jusqu'à quel point les mauvaises passions de la faction turbulente des États-Unis ont à se plaindre d'un traité qui fait intervenir l'Europe dans le règlement des questions universelles de navigation et de commerce. Mais il nous importe de bien constater au début, par la publication même de ce traité, qu'aucun intérêt

légitime n'avait le droit de s'en alarmer, et que ni l'esprit qui l'a
inspiré, ni le texte de ses dispositions, n'étaient de nature à jus-
tifier la moindre susceptibilité nationale.

L'heure était venue d'aborder résolûment l'entreprise de la
coupure de l'isthme de Panama parallèlement à celle de la coupure de Suez. Les Américains du Nord, à qui cette tâche semblait
dévolue, l'avaient abandonnée par impuissance ou par calcul.
Leurs derniers contrats avec les pouvoirs de l'Amérique centrale
ne s'occupaient que de transit (1), et laissaient dans l'ombre le
problème du canal maritime posé depuis Fernand Cortez. La solution de ce problème ne pouvait cependant être retardée. Elle
appartenait à une époque qui s'est donné la mission d'abaisser les
barrières et de supprimer les distances. Elle devait d'ailleurs
être comprise, non comme une spéculation privée, mais comme
une création d'intérêt public; non comme l'œuvre d'un peuple ou
d'un parti, mais comme celle de la civilisation elle-même. Il était
naturel dès lors que toutes les grandes nations s'entendissent pour
l'accomplir à frais communs, et que la sécurité du nouveau Bosphore fût garantie par le droit public qui proclame la neutralité
des grands passages. Or, telle a été précisément la pensée mère
du projet adopté depuis par deux États souverains et indépendants, et ainsi s'expliquent les adhésions spontanées que ce projet
a rencontrées dès le premier jour. La Convention de Rivas portait en elle-même son autorité et sa force, par cela seul qu'elle
répondait à de grands principes et qu'elle sauvegardait les intérêts généraux. Elle n'appartient à personne, elle est l'œuvre de

---

(1) La Compagnie Stebbins, de New-York. au nom de laquelle on a tant parlé des
pretendus droits des citoyens américains, n'était qu'une Compagnie de transit, et n'avait
rien à voir dans les questions de canalisation. Cependant pour éviter toute difficulté et
pour donner un exemple de bonne foi, qui n'a pas été suivi. le négociateur de Rivas
posa en principe que ses droits ne commenceraient qu'à l'expiration de ceux de la Compagnie Stebbins. Or, cette expiration a eu lieu le 30 juin dernier. La Compagnie n'avait
rempli aucun de ses engagements. Elle est aujourd'hui régulièrement déchue ; et toutes
les réclamations de M. J. White ne sont que d'impuissants appels à la force contre la loi
de tous les peuples.

notre génération et de notre temps : c'est ce qui enlève tout caractère sérieux et toute chance de succès aux résistances égoïstes qu'elle pourrait rencontrer.

Les circonstances d'ailleurs qui l'ont accompagnée en ont fait le point de départ d'une situation nouvelle digne de toute l'attention et de toutes les sympathies de l'Europe. L'Amérique centrale sortait à peine de la crise terrible que lui avait fait subir l'invasion des flibustiers. Elle avait vu ses villes détruites, ses campagnes ravagées, son commerce anéanti, sa population décimée, et ses ressources de toute nature épuisées par une guerre impie. Il lui fallait de grands efforts et un patriotisme à toute épreuve pour se relever de ses ruines. Mais l'adversité avait retrempé le courage de ses habitants et fait comprendre à tous la nécessité de l'union. Il en était résulté une réaction vigoureuse contre le système d'isolement et de défiance réciproque qui avait dominé jusque-là ; et le président Martinez n'avait fait que répondre aux aspirations de ses concitoyens en les invitant, le jour même de son avénement, dans une proclamation qui restera célèbre (1), à rétablir un gouvernement unique pour les cinq républiques centre-américaines.

C'est au milieu de cette disposition des esprits que le projet de concession du canal inter-océanique a été soumis à l'examen des deux présidents de Costa-Rica et de Nicaragua. Émané d'un homme sympathique à leur cause et témoin de leur héroïsme, ce projet avait le triple avantage de trancher une question de limites controversée depuis trente ans, d'unir intimement les deux pays par une solidarité effective d'engagements et d'intérêts, et de forcer l'Europe, par l'appât d'énormes bénéfices, à s'occuper enfin de ces belles régions. Le succès du négociateur

---

(1) L'histoire s'honore en conservant de pareils titres, même quand ils émanent d'un petit peuple dont le chef était peu connu. Nous publions donc *in extenso*, à la note n° 3, cette proclamation du général Martinez, qui mérite de prendre place à côté des plus beaux monuments de ce genre que nous ait légués l'antiquité.

ne pouvait être douteux. Il est facile de faire de grandes
choses quand on traite avec de grands caractères. MM. Mora et
Martinez avaient embrassé d'un coup d'œil toutes les conséquences de l'acte qu'on leur présentait, et ils s'y sont associés sans
réserve. Il leur a semblé même que la signature d'un engagement qui leur assurait l'avenir, en confondant leurs intérêts avec
ceux de la civilisation, devait être entouré d'un appareil significatif : M. Mora n'a pas hésité alors à quitter son gouvernement et
son pays, pour venir s'aboucher à Rivas avec son collègue du
Nicaragua. Rivas, c'était la ville sainte de la lutte nationale qui
avait vu tomber l'élite des Costa-Riciens dans une bataille de
deux jours contre des milliers de bandits. Or, le flibustérisme
américain relevait la tête. Les États-Unis réclamaient impérieu-
sement l'occupation militaire du Nicaragua, par l'adoption, toujours repoussée, du trop fameux traité Cass-Irisarri. Des bouches
officielles proféraient tous les jours des menaces d'invasion.
L'inquiétude générale paralysait tous les efforts du commerce et
de l'industrie, Une crise de défaillance eût été pardonnable au
milieu de ce désarroi. Les deux présidents n'ont écouté que la
voix de leur patriotisme et les souvenirs vivants du passé. Une
alliance intime et un plan de fédération centre-américaine sont
sortis de leur entente. Tous les dissentiments qui divisaient leurs
peuples depuis trente années ont été aplanis ; toutes les mesures
réclamées par la défense commune ont été décrétées; et la
Convention du canal inter-océanique n'a été que le dernier
acte, mais aussi le plus solennel, de cet accord magnanime de
deux grands cœurs faisant assaut de générosité pour sauver
leur pays.

Qu'on ne s'y trompe donc plus, de ce côté-ci de l'Océan,
l'Amérique centrale veut vivre de sa vie propre et marcher
à la civilisation sous les auspices de l'Europe. On doutait de
sa vitalité; elle tient tête, depuis quatre ans, à la nation la plus
absorbante et aux attaques les plus sauvages. On se plaignait de

ses divisions intestines; elle ne forme plus qu'un seul peuple, debout sur les ruines de ses monuments. On la supposait sans aptitude pour le travail, pour les arts, pour le développement régulier de la vie sociale; et il se trouve que cette société calomniée possède toutes les aptitudes, aspire à tous les progrès, comprend et applique toutes les libertés, sans que sa moralité en soit atteinte. On croyait enfin que la race hispano-américaine avait gardé de ses origines une défiance jalouse contre l'étranger ; et pour unique démenti à cette accusation de ses ennemis, elle ouvre toutes ses portes à l'expansion européenne, ne lui demandant en échange que le droit public qui protége les nationalités et la justice sommaire qui châtie les forbans. Voilà ce que la Convention de Rivas exprime simplement dans ses dispositions économiques et diplomatiques. — Destinée à devenir le trait d'union des deux mondes, elle contient en germe tous les *désiderata* de la fusion internationale. Elle est à la fois l'appel suprême de l'Amérique latine à nos sympathies et le gage de ses dispositions libérales et conciliantes. Adoptée comme elle l'est déjà par l'Angleterre et par la France, et comme elle le sera bientôt par les puissances contractantes du traité de Paris, elle peut devenir un lien fécond pour toutes les grandes nations maritimes, aussi bien que la solution pacifique de toutes les difficultés américaines.

On en jugera par le texte même de ses dispositions que nous mettons sous les yeux de nos lecteurs.

CONVENTION INTERNATIONALE

Conclue entre les gouvernements des États souverains de Nicaragua et de Costa-Rica et M. Félix Belly, de Paris, relative à la concession d'un canal maritime inter-océanique par la rivière San-Juan et le lac de Nicaragua.

« Sur la proposition de M. Félix Belly, et pour mettre un terme aux dissentiments particuliers qui les ont divisés jusqu'ici, ainsi qu'à la situation incertaine faite à l'Amérique centrale par les traités existants, les deux gouvernements de Nicaragua et de Costa-Rica sont convenus de s'engager solidairement pour la concession d'un canal inter-océanique à travers l'isthme de Nicaragua à une Compagnie internationale, que M. Félix Belly et ses associés se proposent de constituer sur les bases les plus larges et sans distinction de nationalités.

« Et comme cette concession nouvelle doit contenir le règlement de plusieurs questions politiques et économiques d'une haute importance pour les deux gouvernements de Costa-Rica et de Nicaragua, comme aussi pour donner à M. Félix Belly un témoignage personnel de la considération que ses travaux lui ont acquise dans toute l'Amérique centrale, les chefs suprêmes de ces deux gouvernements ont résolu d'apposer, par exception, leur propre signature sur l'acte qui constatera leurs engagements réciproques.

« En conséquence, entre les soussignés :

« Son Exc. le général don Thomas Martinez, président de la république de Nicaragua,

« Et Son Exc. le capitaine-général don Juan-Rafaël Mora, président de la république de Costa-Rica,

« D'une part ;

« Et M. Félix Belly, publiciste, chevalier des ordres de Saint-Maurice et Lazare et du Medjidié,

« D'autre part ;

« A été arrêtée la Convention suivante, qui fera loi désormais pour toutes les parties, sauf ratification des congrès respectifs de Nicaragua et de Costa-Rica :

« Art. 1er. Les deux gouvernements de Nicaragua et de Costa-Rica accordent à M. Félix Belly et à la compagnie qu'il constituera un privilége exclusif pour l'exécution et l'exploitation d'un canal maritime entre l'océan Atlantique et l'océan Pacifique, s'interdisant toute concession ultérieure de canal sur le territoire des deux républiques pendant toute la durée du privilége sus-indiqué.

« Art. 2. La durée de la concession accordée à M. Félix Belly et à ses associés sera de 99 ans, à dater du jour de l'ouverture du canal.

« Art. 3. Les concessionnaires auront le droit de choisir tel tracé que leurs ingénieurs jugeront le plus avantageux et le plus praticable, pourvu que ce tracé remonte le Rio-San-Juan dans toute sa longueur, traverse le lac de Nicaragua et aboutisse au Pacifique entre les deux points extrêmes de Salinas et de Realejo.

« Art. 4. Dans le cas où le tracé partant de l'embouchure de la Sapoa sur le lac de Nicaragua, et aboutissant à la baie de Salinas sur le Pacifique, serait reconnu praticable par les ingénieurs, ce tracé sera choisi de préférence par la Compagnie pour aboutir du lac de Nicaragua au Pacifique, et, par le fait même, le canal deviendra dans toute sa longueur la limite définitive des Etats de Nicaragua et de Costa-Rica. Dans le cas contraire, cette limite restera ce qu'elle est aujourd'hui, sauf règlement ultérieur.

« Art. 5. Il est accordé aux concessionnaires en toute propriété, pour en prendre possession aussitôt que les travaux seront commencés, une lieue française de terrains de chaque côté du parcours du canal, quel que soit l'État à qui ces terrains appartiennent, à la charge par les concessionnaires de faire cadastrer et délimiter à leurs frais cette double bande de 4 kilomètres de largeur.

« Art. 6. Pour la traversée du lac de Nicaragua, la courbe la plus courte sera considérée comme l'un des côtés du parcours du canal, et deviendra dès lors la propriété des concessionnaires sur une profondeur d'une lieue française, et une superficie égale

à cette courbe leur sera accordée de l'autre côté, soit dans les
îles, soit sur le bord du lac, à leur choix, pourvu que ces terrains
appartiennent à l'État.

« Art. 7. Toutes les mines de houille, d'or, d'argent ou de
tout autre minéral, situées et découvertes sur les terrains de la
Compagnie, lui seront concédées de droit aux conditions de la
législation minière du pays.

« Art. 8. En retour de ces avantages, les concessionnaires
prennent à leur charge, sans subvention, tous les frais de construction, d'entretien et d'exploitation du canal inter-océanique.

« Art. 9. De plus, 8 0/0 du revenu brut de cette exploitation
seront affectés par parts égales (4 0/0 pour chacune), pendant
toute la durée de la concession, aux Trésors des deux républiques de Nicaragua et de Costa-Rica.

« Art. 10. Les deux États contractants garantissent solidairement les concessionnaires, leurs agents et leurs propriétés, contre
toute attaque de l'extérieur comme de l'intérieur, sous peine de
dommages-intérêts, à fixer par arbitres et à prélever sur les
8 0/0 affectés à leurs Trésors.

« Art. 11. Les deux ports qui formeront les deux têtes du canal sur le Pacifique et sur l'Atlantique sont dès aujourd'hui dé-
clarés ports francs, et jouiront à perpétuité de toutes les immu-
nités que ce titre comporte.

« Art. 12. Un phare de premier ordre devra être élevé aux
frais des deux républiques, à chaque tête du canal, six mois avant
le moment de son ouverture, pour que la déclaration puisse en
être faite au commerce du monde en temps opportun; mais, si
les deux républiques en font la demande, la Compagnie se char-
gera de la construction de ces phares, sauf à se couvrir plus tard
de cette avance sur les 8 0/0 affectés à leurs Trésors.

« Art. 13. Les contractants proclament hautement que le canal sera ouvert au même titre à tous les pavillons, et qu'une taxe uniforme et la plus modérée possible frappera également toutes les marchandises, de quelque provenance qu'elles soient. Cette taxe, dès aujourd'hui, est fixée à 10 fr. par tonneau maritime (1,000 kilogrammes), et à 60 fr. par personne. La Compagnie ne pourra jamais l'augmenter; mais elle se réserve de la réduire plus tard, si l'intérêt du commerce du monde se concilie, sous ce rapport, avec son propre intérêt.

« Art. 14. Par mesure spéciale, tous les bâtiments de la Compagnie concessionnaire, quel que soit leur pavillon, jouiront pendant dix ans de la franchise du passage, pourvu qu'ils ne transportent aucune marchandise d'exportation.

« Art. 15. Il ne pourra être établi aucun impôt, à quelque titre que ce soit, pendant la durée de vingt ans, sur les terres, les bâtiments, les exploitations particulières et tout le matériel de la Compagnie.

« Art. 16. La Compagnie concessionnaire est autorisée à barrer le Rio-Colorado et à faire, en général, sur le fleuve San-Juan, sur ses affluents et ses tributaires, comme sur le lac de Nicaragua, tels travaux d'art, d'endiguement, de draguage, etc., que ses ingénieurs jugeront nécessaires pour maintenir le niveau du canal.

« Art. 17. De même la Compagnie aura le droit d'imposer au commerce tel règlement d'ordre et d'administration publique qu'elle jugera à propos de publier dans l'intérêt du service, pourvu que les droits souverains des États du Nicaragua et de Costa-Rica n'en souffrent aucune atteinte.

« Art. 18. Pour répondre à toutes les exigences de sa destination, le canal devra être construit dans des dimensions telles qu'il soit accessible aux navires du plus fort échantillon, et sa largeur devra permettre à ces navires de se croiser sans se heurter.

« Art. 19. A dater de la signature du présent acte, deux ans de délai sont accordés à la Compagnie pour le commencement des travaux et six ans pour leur exécution complète, à moins d'événements de force majeure ; ces délais, d'ailleurs, pourront toujours être prorogés.

« Art. 20. Comme il est juste que les deux gouvernements de Nicaragua et de Costa-Rica soient représentés dans le conseil de surveillance de la Compagnie, les ministres de ces deux États accrédités à Paris seront, de droit, membres du conseil et jouiront de tous les avantages attachés à ce titre ; seulement, ils ne pourront avoir que voix consultative.

« Art. 21. A dater du premier versement semestriel de la part des bénéfices réservés aux deux États de Nicaragua et de Costa-Rica, tout monopole servant à constituer des ressources financières cessera dans ces deux États, et il n'en pourra plus être établi aucun, ni sur les productions du pays, ni sur aucune branche de commerce et d'industrie (les munitions de guerre exceptées).

« Art. 22. Pendant toute la durée de la concession du canal, les droits de douane à l'entrée et à la sortie ne pourront dépasser 3 0/0 de la valeur des marchandises.

« Art. 23. Les contractants s'engagent réciproquement à faire immédiatement, auprès des gouvernements de France, d'Angleterre et des États-Unis, les démarches nécessaires pour que la neutralité du canal soit garantie par ces trois puissances sur les bases du traité Clayton-Bulwer (1).

« Art. 24. Tant que cette garantie n'aura pas été officiellement

---

1) Voir à la note n° 4 le texte du traité Clayton Bulwer.

proclamée par la publication du traité intervenu à cet effet, l'entrée du canal sera rigoureusement interdite à tout navire de guerre, et les États riverains pourront adopter, de concert avec la Compagnie, telles mesures qu'ils jugeront nécessaires pour faire respecter cette interdiction.

« Art. 25. Dès que la neutralité du canal aura été solennellement garantie par un acte émané des trois gouvernements de France, d'Angleterre et des États-Unis, l'entrée pourra en être accordée à des navires de guerre par une délibération unanime de ces trois puissances, pourvu que les gouvernements de Nicaragua et de Costa-Rica n'y mettent aucune opposition, et sauf règlement préalable avec la Compagnie concessionnaire.

« Art. 26. Par mesure exceptionnelle, et pour sauvegarder les intérêts et la responsabilité d'une Compagnie dont la direction est toute.française, le Gouvernement français aura le droit d'entretenir, pendant toute la durée des travaux, soit dans les eaux du canal, soit dans le lac de Nicaragua, deux bâtiments de guerre stationnaires.

« Art. 27. Toute contestation civile relative à l'exécution de cette convention sera jugée souverainement par une commission permanente composée de deux arbitres choisis par la Compagnie, d'un magistrat désigné par chacun des deux Etats riverains, et du plus ancien agent consulaire français accrédité dans ces deux Etats.

« Art. 28. Toute contestation politique relative à l'exécution de cette convention sera portée devant un tribunal arbitral composé de deux représentants de la Compagnie et d'un représentant de chacun des cinq Etats intéressés ou garants : la France, l'Angleterre, les Etats-Unis, le Nicaragua et le Costa-Rica, lesquels prononceront à la majorité relative.

« Fait à Rivas, en triple expédition, le 1er mai 1858, anniversaire de la capitulation de Walker.

« Signé et scellé du sceau des deux gouvernements dans la maison qui a été le quartier général de l'armée nationale.

« Le président de la République de Nicaragua,

« *Signé :* THOMAS MARTINEZ.

« Le ministre des affaires étrangères,

« *Signé :* GREGORIO JUAREZ.

« Le président de la République de Costa-Rica,

« *Signé :* JUAN-RAFAEL MORA.

« Le ministre des affaires étrangères,

« *Signé :* NAZARIO TOLEDO.

« Pour la Compagnie concessionnaire.

« *Signé :* FÉLIX BELLY. »

Ce traité est suivi, dans l'original, d'une déclaration politique des présidents de Costa-Rica et de Nicaragua, qui en appelle à l'Europe civilisée contre les tentatives des flibustiers dont ils sont encore menacés, et qui met la Convention elle-même et l'indépendance des deux républiques sous la protection de la France, de l'Angleterre et de la Sardaigne.

II.

L 'AMÉRIQUE CENTRALE. -- NICARAGUA ET COSTA-RICA.

En jetant les yeux sur une carte du Nouveau Monde pour y découvrir le théâtre des événements que nous venons d'esquisser, on ne remarque d'abord que les deux continents du nord et du sud. La langue de terre qui unit ces deux colosses paraît si peu de chose auprès d'eux, qu'on ne suppose pas qu'il y ait là un peuple, et, à plus forte raison, une société indépendante de ses voisins. Mais en y regardant de plus près, on reconnaît bien vite qu'il s'agit d'un territoire plus grand que la France, d'une admirable distribution de cours d'eau, de plateaux et de montagnes, d'un développement de côtes sans égal eu égard à la superficie du sol, et surtout d'une situation privilégiée entre les deux bassins océaniques. Tels sont, en effet, les caractères naturels de l'Amérique centrale, et c'est ce qui explique les convoitises ardentes dont elle est l'objet. Resserrée entre deux étranglements du golfe du Mexique et de la mer des Antilles, elle devrait géographiquement commencer à l'isthme de·Tehuantepec, et finir à l'isthme de Panama, entre le 8e et le 22e degré de latitude septentrionale. Mais les combinaisons politiques lui ont enlevé une partie de ce territoire au profit du Mexique et de la Nouvelle-Grenade, ses deux voisins du nord et du sud, et elles ont créé ainsi des difficultés de limites qu'on ne résoudra peut-être qu'en rentrant dans les conditions géographiques.

Telle qu'elle est cependant, l'Amérique centrale possède tous les éléments d'une puissante vitalité nationale. Sa superfice de vingt-sept à vingt-huit mille lieues carrées égale celle de la France. Ses huit cents lieues de côtes offrent au commerce plusieurs ports magnifiques, et à la pénétration intérieure des facilités exceptionnelles. Ses deux millions et demi d'habitants (quelques écrivains disent trois millions) ne sont pas en rapport avec l'étendue de leur pays. Mais cette population de sang mêlé, issue des conquérants espagnols, des Indiens aborigènes et des anciens esclaves noirs, constitue une race vigoureuse et intelligente, affranchie de tous les préjugés de caste, tolérante, hospitalière, laborieuse quand elle y trouve son intérêt, et d'une fidélité irréprochable dans ses engagements. La température varie selon les hauteurs ; mais elle est partout plus tolérable qu'à Paris au mois d'août, grâce aux brises alternées des deux mers, et, sur certains plateaux comme à Costa-Rica, elle réalise l'idéal d'un printemps éternel. Quant à la salubrité du climat qu'on a parfois contestée, elle est complète dans l'intérieur ; et si quelques points des côtes sont accidentellement insalubres dans la saison des pluies, ils ne le sont pas plus que les marais du Rhône, et les fièvres intermittentes qu'on y contracte cèdent toujours à un régime fortifiant et à quelques précautions d'hygiène.

Telle est cette Amérique centrale qu'on connaît si peu en Europe, et que ses premiers possesseurs regardaient comme un des plus beaux joyaux de la couronne d'Espagne. Son histoire a beaucoup d'analogie avec celle de toutes les républiques américaines enfantées par la révolution de 1821. D'abord province espagnole sous le nom de *Royaume de Guatemala*, elle a été gouvernée pendant près de trois siècles, de 1524 à 1821, par un président de cour royale, à la fois gouverneur et capitaine général, qui ne relevait que de la métropole. La capitale du *royaume* ou de la *présidence* était Guatemala, ville de 50,000 âmes, située dans la région du nord, et qui est restée la ville littéraire et intellectuelle de l'isthme, et le seul dépôt des archives nationales.

En 1821, la province guatemalienne suivit le sort de toute l'Amérique espagnole, et commença la série des épreuves qu'elle devait malheureusement prolonger jusqu'à ces derniers temps. A peine s'était-elle déclarée indépendante, que le Mexique l'absorba par la force. Seize mois après, la mort d'Iturbide lui rendit son autonomie. Elle se constitua alors en république fédérative, composée de cinq Etats qui sont aujourd'hui cinq républiques : Guatemala, San-Salvador, Honduras, Nicaragua et Costa-Rica. C'étaient les *États fédérés de l'Amérique centrale*, décrétés par la constitution du 28 novembre 1824. Leur union nominale dura près de vingt-cinq ans avec de nombreuses alternatives de paix et de troubles. Mais enfin, l'esprit de séparation l'emporta, et depuis dix ans au moins les cinq républiques que nous venons de citer sont des États souverains et indépendants.

Malheureusement, cette lutte de deux principes, la fédération et la séparation, qui a fini par le triomphe du dernier, n'a pas eu lieu sans des déchirements intérieurs et beaucoup de sang répandu. Il en est résulté pour l'Amérique centrale une triste réputation d'anarchie qu'elle a partagée avec ses sœurs de l'Amérique du Sud, et qui pèse encore aujourd'hui sur ses destinées. La vérité est qu'on a beaucoup exagéré ces prétendues guerres civiles, et qu'il n'y a aucune déduction fâcheuse à en tirer contre la valeur morale de la race hispano-américaine. Toutes les nations qui commencent passent par de semblables épreuves, surtout quand elles arrivent sans préparation à la liberté. Le Brésil lui-même, qui jouissait de l'inappréciable avantage d'une famille royale, dont le prestige écartait toute compétition au pouvoir suprême, le Brésil a dû traverser quinze ans de révolution avant d'arriver à la période de calme et de progrès pacifique qui illustre le nom de don Pédro II. L'Amérique centrale n'avait ni hommes ni institutions. Elle a fini par créer les uns et les autres, sans avoir jamais donné au monde le spectacle des fureurs qui ont si longtemps ensanglanté le Rio de la Plata. Le général

Carréra, un Indien, sans éducation première, mais doué d'un génie naturel, gouverne depuis près de quinze ans le Guatemala avec une sagesse qui lui attire aujourd'hui l'adhésion unanime de ses collègues. Don Juan Rafaël Mora, le héros de Rivas, président de Costa-Rica depuis huit ans, n'a pas eu une goutte de sang à répandre pour maintenir un ordre plus parfait que celui qui règne dans nos cités ; et depuis que le général Martinez est arrivé à la direction des affaires de Nicaragua, il aurait déjà cicatrisé toutes les plaies de la patrie, si l'influence fatale du génie nord-américain ne paralysait ses généreux efforts en jetant de continuelles inquiétudes dans les esprits.

Ce n'est pas sans motif que nous insistons sur le rôle exceptionnel de ces deux hommes qui, placés sur un petit théâtre, ont conquis leur célébrité à force de grandeur. Les deux républiques de Costa-Rica doivent avoir désormais pour nous un intérêt particulier, puisqu'elles deviennent les États riverains de la grande route de commerce du monde. Il y a donc utilité à savoir ce qu'elles sont et jusqu'à quel point leurs institutions, le caractère de leurs habitants et leurs conditions économiques et sociales offrent à l'Europe les garanties et les avantages qu'elle a le droit d'espérer. Or, voici, sur tous ces points, des renseignements précis, irrécusables, recueillis sur les lieux, qui feront tomber, nous l'espérons, bien des préventions.

Le territoire de Costa-Rica, le plus méridional de l'Amérique centrale, forme un enchaînement de plateaux descendus des Cordilières, de 50 à 60 lieues de largeur entre les deux Océans, de 3,000 lieues carrées de superficie, et dont le plateau principal, celui de San-José, est à 4,500 pieds au-dessus du niveau de la mer. On devine qu'à cette hauteur la chaleur tropicale devient sans inconvénient et sans danger. Le thermomètre de Réaumur s'y maintient toute l'année entre le 16e et le 24e degré. C'est le plus beau climat du monde connu et le plus favorable aux développement des forces physiques et morales comme à la fécondité du sol. Aussi le peuple Costa-Ricien, qui se compose de 180,000 individus selon les uns, et de 220,000 selon les autres, est-il peut-être, dans son ensemble, le peuple qui représente le plus haut niveau de la civilisation chrétienne. Aucune autre agglomération humaine ne peut lui être comparée, même en France, même en Suisse, pour l'amour du travail et de la famille, pour le respect de la loi, pour la loyauté des relations, pour la politesse affectueuse unie à une dignité calme. Aucune autre n'a fait de progrès si rapides dans la création de la richesse publique et dans l'utilisation intelligente de ses ressources. San-José, sa capitale, n'était qu'un village il y a vingt-cinq ans. C'est aujourd'hui une ville de 20,000 âmes, où se rencontrent, sinon tous les plaisirs, du moins toutes les commodités des villes européennes. Il n'y a guère plus de vingt-cinq ans que la culture du café s'est acclimatée dans le pays, et c'est par centaines de mille quintaux que se calcule aujourd'hui l'exportation de ce produit précieux. La terre Costa-Ricienne est libérale ; elle rend au centuple tout ce qu'on lui confie, depuis le grain de froment jusqu'au grain de cacao ; mais elle doit au caractère de ses habitants une physionomie unique qui fait penser au paradis terrestre. Toute la république respire le bien-être, l'honnêteté et la bonté. La propriété y est le fait universel ; le paupérisme y est inconnu ; les existences déclassées y sont entraînées elles-mêmes dans le courant de la moralité et de l'activité générales. L'État a payé le premier, en 1840, sa part de la dette extérieure commune, et il a obtenu ainsi en Angleterre un crédit qu'on n'accorde pas toujours aux grands empires. Cette fidélité scrupuleuse aux engagements est la vertu du dernier Indien. Toutes les transactions de la ville avec la campagne ne reposent que sur la parole donnée, et il est sans exemple qu'un inconnu même y ait manqué, comme il est sans exemple qu'une attaque à main-armée venue d'un Costa-Ricien ait jamais menacé la vie ou la fortune d'un voyageur.

Et voilà le peuple qui s'est trouvé un jour menacé dans son existence elle-même par une horde de brigands sans foi ni loi, pour qui on a eu jusqu'ici trop de ménagements. On s'explique dès lors la levée en masse de 1856 et les preuves d'héroïsme militaire données par tous les rangs de la population. Ce n'était pas seulement l'indépendance nationale, c'était la propriété, c'était le foyer paternel, c'était la tradition religieuse et morale qu'il fallait défendre. Ni le gouvernement, ni les citoyens ont hésité. M. Mora a pris alors une initiative hardie, qui a sauvé son pays en amenant la capitulation de Rivas. Costa-Rica lui devait déjà de nombreuses créations publiques et privées : le beau palais national de San-José, l'université, le théâtre, des routes et des ponts, une organisation administrative qui pourrait servir de modèle, et l'impulsion donnée à la production du café et du sucre; il lui devra encore la gloire extérieure, et plus tard la sécurité définitive. Tels sont les hommes et les choses de cette petite république ignorée, qui nous emprunte tout ce que nous avons de bon, à commencer par nos Codes et nos monnaies, et qui, en somme, vaut mieux que nous. Don Juan Mora serait partout un homme hors de ligne, et quoiqu'il ait à peine quarante ans, peu d'illustrations politiques de la vieille Europe peuvent lui être comparées.

Le Nicaragua, il est vrai, ne se présente pas dans des conditions aussi respectables. Mais il faut dire pour son excuse que c'est la province du Centre-Amérique qui a toujours été le plus travaillée par les intrigues étrangères. Région merveilleuse, s'il en fut, grâce à ses grands lacs, à ses fleuves superbes et à ses magnificences végétales et minérales, elle a eu le malheur d'être trop accessible aux aventuriers et d'être trop évidemment prédestinée à un immense avenir. Il en est résulté des convoitises qui se sont fait un jeu de fomenter des troubles dans son intérieur et de lui apporter les vices et les violences de New-York et de la Nouvelle-Orléans. Et puis une guerre fratricide, provoquée par la rivalité de deux villes, a longtemps divisé ses forces, et empêché la constitution définitive de sa nationalité. Mais en dehors de ces erreurs regrettables, qu'elle a depuis si cruellement expiées, la population de Nicaragua, évaluée à 350,000 âmes et répandue sur une superficie de 3,500 lieues carrées, possède les vertus traditionnelles de sa race, la bienveillance, l'hospitalité, l'honnêteté, unies à son intelligence très-remarquable. Si elle se montre moins laborieuse que ses voisins de Costa-Rica, c'est que les procédés violents et déloyaux des Américains du Nord auxquels elle a eu affaire, n'étaient pas de nature à encourager le travail. A Bluewfield et le long de la bande mosquito, où les Anglais savent payer et honorer les ouvriers qu'ils emploient, il s'est formé, à leur contact, une tribu flottante de plusieurs milliers de travailleurs, issus des anciens caraïbes, dévoués et infatigables, qu'une administration honorable trouvera toujours à sa disposition. Il n'y a pas d'ailleurs de race condamnée. Les hommes sont ce qu'on les fait, surtout dans ces contrées vierges, où l'individu est si près de la nature. L'insécurité politique, l'incertitude de l'avenir, les ravages des forbans et l'influence immorale des Américains du Nord ont arrêté jusqu'ici le développement régulier du Nicaragua. Mais le jour où ces causes disparaîtront et où il ne sera plus permis à des bandits de se ruer sur un peuple sans défense, le Nicaragua reprendra sa place dans la famille centre-américaine, et il méritera, par son esprit d'ordre, comme par son activité, toute la bienveillance de l'Europe.

Déjà, nous avons vu jouer à son chef, le général Martinez, un rôle d'abnégation et de grandeur qui témoigne de toute la valeur de ce caractère antique. En ce moment, les cinq présidents des cinq républiques se dirigent vers Guatemala, l'ancienne métropole de la confédération, pour y constituer un pouvoir unique, capable de défendre la patrie commune. Les vieilles inimitiés sont éteintes, les généreuses inspirations les ont remplacées. Toute la jeunesse s'est groupée autour des hommes nouveaux que la guerre

nationale a fait surgir. Le Nicaragua, comme Costa-Rica, comme
l'Amérique centrale tout entière, ne veut à aucun prix de la souveraineté du révolver et du régime social de la piraterie. Tels
qu'ils sont, ces petits États se croient plus près de la civilisation
que leurs prétendus civilisateurs ; et si la tolérance religieuse la
plus entière, un gouvernement paternel et libéral, une grande
indépendance communale, une notion très-juste de la loi économique des échanges, un sens moral très-développé et très-puis-
sant et un vif désir de renovation sont les conditions régulières
du progrès, le génie européen n'aura jamais rencontré une race
plus disposée à recevoir ses précieux enseignements.

Avons-nous besoin d'ajouter maintenant que la nature semble
avoir tout préparé pour amener tôt ou tard cette fusion des deux
mondes. Nous ne parlons pas de la configuration particulière de
l'isthme qui lui a fait attribuer de temps immémorial le privilége
du Bosphore américain. Mais le climat de ce coin de terre, mais la
richesse de ses produits, mais l'indescriptible magnificence de ses
forêts et de ses vallées l'appellent, par la force des choses, à devenir l'un des plus grands foyers de la production humaine. L'Espagne
de Charles Quint et de Philippe II, blasée sur les splendeurs du
Nouveau Monde, avait été séduite par cette splendeur supérieure,
et la comparait naïvement au paradis de Mahomet (1). L'industrie
moderne, plus exigeante encore que l'imagination, peut trouver
là ce qui lui manque et ce qu'elle a cherché inutilement sur d'autres points. Avec une température qui varie toute l'année entre
18 et 28 degrés Réaumur, avec des pluies fécondes qui permettent
de faire trois récoltes de maïs en cinq mois, avec un sol formé de
détritus végétaux jusqu'à une profondeur de 20 à 25 pieds, avec
des moteurs gratuits à chaque pas, grâce à l'abondance des cours
d'eau, tout est possible dans l'ordre de la création agricole et in-

---

(1) Es particularmente por razon de las delicias de que alli se goza por lo que los Españoles
haman a toda la provincia de Nicaragua el paraiso de Malloma. (*Voyages de Tomas
Gage*, 11e vol. pag. 240 et 243.)

dustrielle. Aussi la cochenille de Guatemala, l'acajou de Honduras, l'indigo de Nicaragua et de San Salvador, et le café de Costa-
Rica occupent-ils déjà une place de faveur sur nos grands mar-
chés. Le cacao rouge des bords de Nicaragua est sans rival (1).
La salsepareille de l'isthme, connue dans le commerce sous le
nom de salsepareille de la Jamaïque, quoique la Jamaïque n'en
produise pas, est la meilleure du monde. La culture du coton,
qui y vient spontanément, permettrait à l'Angleterre de se passer
un jour des Etats-Unis et de ne plus faire dépendre sa politique
de l'approvisionnement de Manchester. Le ver à soie y travaille
toute l'année sur une espèce de chêne, en plein air, nous dirons
presque en pleine forêt, comme les abeilles, sans avoir rien à
craindre des variations de l'atmosphère. On sait déjà, par 150
ans d'expérience, qu'il y a sur toutes ces côtes des magasins inépuisables de bois de teinture, de marqueterie et d'ébénisterie. Mais ce
que les gouvernements et les cités maritimes ne savent pas assez,
c'est que tous les chantiers du monde y trouveraient les bois de
construction de toutes formes dont ils ont besoin, et que l'épuise-
ment de la Norwége a rendus si rares et si chers.

Nous voudrions ne pas ajouter une ligne à ce tableau exact,
dans lequel nous n'avons cité ni le tabac, qui rivalise avec celui de
la Havane, ni la canne à sucre, ni le sorgho, ni les cuirs qui s'ex-
portent par millions, ni l'écaille de tortue, ni le quinquina et la rhu-
barbe, ni les peaux de cerf, en telle quantité qu'elles suffisent à
charger des navires ; mais il nous est impossible de ne pas dire ici
ce que personne n'ignore aux États-Unis et ce qui surexcite au
plus haut degré leur esprit d'aventure. C'est que les mines d'or et
d'argent de l'Amérique centrale et surtout du Nicaragua et du Honduras, semblent laisser bien loin derrière elles, soit comme rende-
ment, soit comme facilité d'exploitation, celles de la Californie et

---

(1) Au temps de la vice royauté de Guatemala, le seul cacao consommé par la cour
d'Espagne était récolté dans les environs de Rivas.

de l'Australie. On comprend quel mirage fascinateur doivent exercer de pareilles perspectives sur les spéculateurs peu scrupuleux de l'Union. La Providence n'a pas permis que ces nouveaux trésors leur fussent exclusivement dévolus. C'eût été le signal d'une conquête sans pitié, où la race espagnole aurait subi le sort des Indiens du Mississipi. Les événements ont servi la cause de l'humanité aussi bien que celle de la civilisation générale. Les montagnes d'argent aurifère des Chontalès et de la Nouvelle-Ségovie n'appartiennent à personne, comme le canal, mais elles profiteront à tout le monde comme lui; et notre France surtout, qui n'a ni Californie ni Australie, y trouvera le moyen de s'affranchir de certains concours onéreux, et de ne dépendre d'aucun marché pour le maintien du niveau de sa réserve métallique (1).

---

(1) Voir à la note nº 5, l'opinion du New-York Hérald sur les mines de l'Amérique centrale.

III.

L'OUVERTURE DE L'ISTHME.

———

C'est donc à travers des régions merveilleusement préparées à cette transformation que la Convention du canal maritime de Nicaragua a placé la grande route future du commerce du monde. La question n'était pas nouvelle. Elle ne surgissait pas spontanément comme une solution inattendue. Le négociateur de Rivas n'a pas eu le mérite de l'invention. Le seul honneur qu'il ambitionne est celui d'être arrivé à temps, à l'heure fixe, au moment où l'état de la science et de la richesse publique rendait tout possible, d'avoir largement profité des travaux de ses prédécesseurs, et d'avoir pris son œuvre d'assez haut pour lui donner, à force de justice, le caractère de la perpétuité.

Il faut remonter, en effet, jusqu'à Fernand-Cortès pour trouver le point de départ de l'idée que le xixᵉ siècle devait réaliser. Du jour où le conquérant du Mexique eut découvert la mer du Sud, il fut frappé de la possibilité et de l'utilité d'une communication interocéanique. Il supposa d'abord que cette communication existait, et il la fit chercher au fond de tous les golfes qui resserrent l'isthme depuis Tehuantepec jusqu'à Panama. Puis, quand il fut bien convaincu de l'inutilité de ses recherches, il s'occupa d'en créer une artificielle, et il envoya à la cour de Madrid, en 1528, dix ans seulement après la prise de Mexico, le premier Mémoire qui ait été écrit sur cette matière qui devait en inspirer tant d'autres.

L'Espagne, malheureusement, se montrait déjà plus jalouse de fermer à tous les autres peuples l'accès de ses nouvelles possessions que d'ouvrir à la navigation universelle des passages inespérés. Les Mémoires qui se succédèrent pendant trois siècles s'enfouirent dans ses archives, sans provoquer aucune mesure efficace. Ces Mémoires contenaient cependant des indications bien tentantes pour un gouvernement qui ne vivait que de ses galions. Dès 1534, le lendemain presque de la découverte de l'Amérique, les autorités de la province de Nicaragua signalaient au roi d'Espagne et des Indes l'existence dans leur pays d'un magnifique lac d'où sortait un fleuve assez large pour servir de canal interocéanique, et la présence sur les bords de ce fleuve et de ce lac de nombreuses mines d'or déjà fort appréciées(1). Ne dirait-on pas, le premier écho d'une prédestination manifeste qui devait tôt ou tard aboutir au Bosphore dont il s'agit aujourd'hui? Il y a eu d'autres projets reposant sur d'autres combinaisons plus ou moins heureuses. C'est notamment à l'isthme de Tehuantepec, au fond du golfe de Mexique, que Fernand Cortès avait cherché d'abord le *secret du Détroit* qu'il pressentait, et plus tard avait voulu le créer. Mais la voix publique n'hésita pas longtemps entre les différents tracés, et elle se prononça si vite pour le Nicaragua, que dans beaucoup de cartes de ces anciens temps, la communication entre les deux mers est indiquée comme ouverte dans les environs de Rivas, ce qui a fait supposer à quelques historiens qu'elle avait réellement existé et que la défiance espagnole l'avait comblée.

Quoi qu'il en soit, la filiation séculaire de cette grande entre-

---

(1) Suplicando al Rey : Que considerase que de aquella gran laguna, que boxaba 130 leguas salia un desaguadero a la mar del Norte, que es un rio tan grande como el de Sevilla, muy pobladas sus riveras de diversas gentes, y con grandes minas de oro ; y que habia sido gran descuido y de servicio suyo que aquello no se hubiese descubierto y poblado algun pueblo en la mar para la contractacion, que sabiendo por el rio a la laguna, podia haber con la mar del sur.

prise témoigne à la fois de son importance et de l'attrait puissant qu'elle a exercé à toutes les époques. Tous les grands ministres de la Péninsule ont rêvé son exécution. Tous ont été arrêtés par les événements ou par l'esprit étroit du Conseil des Indes. Plus tard, l'Angleterre, qui s'était créé des intérêts à Belize, dans le Honduras, s'occupa aussi de cette coupure. Le célèbre Pitt, à qui rien n'échappait, l'avait comprise dans ses plans généraux relatifs à l'agrandissement commercial et maritime de son pays. C'est même à cette prévision du cabinet de Londres que se rattache l'expédition anglaise envoyée en 1780 dans les eaux du San-Juan et dans laquelle figurait un jeune officier qui devait être plus tard le grand Nelson. L'entreprise ne réussit pas ; l'Angleterre y perdit 4,000 hommes, et elle dut se retirer devant un soulèvement national (1). Mais le fait en lui-même accuse une nécessité déjà universellement sentie, et commence la tradition à laquelle lord Malmesbury se montre aujourd'hui fidèle dans des conditions meilleures, en mettant le canal projeté sous la protection du traité Claytow-Bulwer (2).

Jusque-là, cependant, les études faites par les ingénieurs espagnols et anglais n'avaient pas eu la précision scientifique nécessaire pour un pareil travail. Elles constataient seulement la

---

(1) La tradition rapporte que ce soulèvement était conduit par une femme, et que cette femme est l'aïeule du général Martinez, aujourd'hui président de Nicaragua.

(2) Voici la lettre écrite à cette occasion par le chef du Foreing-Office :

« Foreing-Office, 11 juin 1858.

A M. Félix Belly, concessionnaire du canal de Nicaragua.

« Monsieur,

« J'ai l'honneur de vous accuser réception de la lettre que vous m'avez adressée le 1er mai dernier, contenant la copie d'un traité conclu entre vous et les présidents des républiques de Nicaragua et de Costa-Rica, pour la construction d'un canal maritime entre l'océan Atlantique et l'océan Pacifique; et je suis heureux de pouvoir vous assurer que les stipulations du traité intervenu entre la Grande-Bretagne et les Etats-Unis, en date du 19 avril 1850, appelé communément traité Clayton-Bulwer, sont, dans mon opinion, applicables à votre projet, si vous le mettez à exécution.

« J'ai l'honneur, etc.

« *Signé* : MALMESBURY. »

différence du niveau du lac de Nicaragua aux deux mers, et la facilité d'arriver au lac par le San-Juan du côté de l'Atlantique. Il paraît même que cette facilité était alors beaucoup plus grande qu'elle ne l'est maintenant, car les écrivains du temps et les récits des voyageurs ne parlent que de goëlettes et de frégates de commerce remontant le fleuve, malgré les rapides qui en entravent la circulation. Dans l'expédition de 1780, une des embarcations armées des Anglais qui portait le nom de *Lord-Germain*, et qui avait la force et le tonnage d'un brick, parvint jusqu'au lac, peut-être sous le commandement du jeune Nelson. Il y avait donc une opinion générale acquise qui faisait du lac le réservoir providentiel du canal. Mais ni le régime des eaux de ce réservoir, ni la nature des terrains environnants, ni la hauteur du seuil du Pacifique, ni la configuration des rapides du fleuve n'étaient suffisamment connus pour donner lieu à une entreprise sérieuse et immédiate.

Ce ne fut qu'au commencement de ce siècle, en 1804, que la grande voix d'Alexandre de Humboldt, qui, déjà alors, faisait autorité dans la science, posa scientifiquement le problème de la communication interocéanique. L'illustre naturaliste n'avait pas reculé devant les fatigues d'un long voyage à travers les Cordillières pour enrichir la géographie de notions précises sur ces régions. Son travail est restée le flambeau de toutes les études et l'encouragement de toutes les tentatives ultérieures ; et si l'œuvre à laquelle nous nous sommes voué doit reconnaître un jour une souveraineté morale, c'est au doyen de la science moderne et à l'auteur de l'*Essai politique sur la nouvelle Espagne* qu'appartiendra sans conteste cette souveraineté,

A dater, en effet, de 1804, les différents tracés se classent, les renseignements se coordonnent, les systèmes se dessinent, et nous voyons chaque partie de l'isthme mettre en avant les avantages qu'elle croit offrir à la spéculation. Les cinq tracés signalés alors par M. de Humboldt ne se discutent plus aujourd'hui. Cin-

quante ans de travaux et d'essais les ont jugés, et n'ont guère
laissé debout que le projet de coupure par le Nicaragua. Celui
qui avait Panama pour aboutissant, et que notre compatriote,
M. Garella, avait étudié en 1843 par mission spéciale du gouvernement français, a été condamné par ceux-là même qui avaient
le plus d'intérêt à le croire possible. Malgré ce qu'il présentait de
séduisant dans sa courte section qui n'était que de 12 à 14 lieues,
il a lassé tous les ingénieurs par l'inconnu effrayant des dépenses
qu'il pouvait exiger, et le chemin de fer construit par les Américains du Nord à ce resserrement de l'isthme est une preuve
sans réplique de l'impraticabilité du canal. Une démonstration
identique s'accomplit en ce moment à Tehuantepec, où vont commencer les travaux d'un rail-way, qui a déjà obtenu du cabinet
de Washington le privilége du transport de la malle de la Californie. La question s'est donc dégagée, depuis quelques années,
de toutes les concurrences réelles ou imaginaires qui pouvaient
faire hésiter l'esprit d'entreprise. M. de Humboldt avait deviné
juste en se prononçant hautement pour le vaste bassin d'alimentation que présente le lac de Nicaragua. L'expérience a
sanctionné ses observations, et tous les autres projets à point de
partage ont péri, y compris celui de M. Garella, parce qu'ils ne
jouissaient pas de cet inappréciable avantage d'un bief supérieur
inépuisable pour suffire à l'énorme consommation de leur double
versant (1).

Cependant le système prohibitif de la monarchie espagnole qui
veillait, dit un historien, sur l'Amérique centrale, comme le
Dragon de la fable sur le jardin des Hespérides, ne s'était pas re-

---

(1) Il est de temps en temps question, dans les journaux étrangers, d'un tracé par
l'*Atrato*, dans l'isthme de Darien (Nouvelle-Grenade), dont les exigences financières
n'ont jamais été nettement définies. Un homme qui fait autorité en pareille matière
comme en beaucoup d'autres, M. Michel Chevalier avait condamné, dès 1844, les deux
projets du Darien, et aucune exploration ultérieure suffisante ne les a relevés depuis de
cette déchéance.

lâché de sa rigueur. Il fallut la révolution de 1821 pour renverser cet obstacle et donner un essor pratique à ce qui fermentait
dans les imaginations. L'Amérique centrale était libre; elle se
sentit aussitôt tous les courages qu'inspire la liberté. A peine
l'assemblée constituante de la jeune république fut-elle réunie
(1823) qu'un de ses membres, un Nicaraguien, don Antonio de
la Cerda, prit l'initiative d'une proposition tendant à faire décréter la coupure. Presqu'en même temps, plusieurs compagnies
américaines offrirent de se charger des travaux. Le gouvernement local formula, dans un remarquable document du mois de
juin 1825, les principes sur lesquels devaient reposer ses concessions. Les négociations s'engagèrent sur ces bases, et le
14 juin 1826, un des concurrents, M. Beninski, agissant au nom
de M. Palmer, de New-York, obtint le premier traité qui ait été
consenti pour cet objet. La lutte entre les Américains rivaux
avait été vive, car déjà ce grand intérêt passionnait singulièrement les États-Unis, et les hommes d'État de Washington comprenaient parfaitement que c'était le commerce de leur pays qui
devait profiter plus que tout autre des avantages d'une pareille
communication.

Ce début ne fut pas heureux. La maison Palmer s'était attribué un crédit qu'elle n'avait pas. Elle échoua, faute des capitaux
nécessaires, comme ont échoué depuis toutes les compagnies
américaines, même les plus ambitieuses. La position était donc
redevenue libre, quand, deux ans après, se présenta tout à coup
un promoteur inattendu qui, lui, du moins, devait être pris au
sérieux. C'était Guillaume Ier, roi de Hollande, l'un des hommes
les plus instruits et les plus fermes de son temps et l'un des souverains les plus riches de l'Europe. Ce prince, dont le règne a
doté la Hollande de créations de premier ordre, avait été séduit
par l'idée d'employer au besoin une partie de sa fortune personnelle à cette création exceptionnelle. Il avait donc envoyé à Guatemala un plénipotentiaire, le général Nerveer, pour traiter de

conditions de l'entreprise. Le patronage et l'initiative d'une tête couronnée enlevaient à l'opération industrielle tout caractère de spéculation. Il en résulta beaucoup de largeur théorique et un grand libéralisme pratique dans les arrangements convenus. Le percement allait donc être vigoureusement abordé sous cette royale impulsion, et rapidement mené à bonne fin par les capitaux hollandais, lorsque la révolution de 1830 et la séparation de la Belgique rappelèrent Guillaume Ier à des soins plus impérieux. Le canal interocéanique venait d'être emporté dans la secousse universelle.

A dater de ce moment, les combinaisons se succédèrent pendant quinze ans, sans aboutir, malgré le désir de plus en plus vif qu'éprouvaient les États-Unis de se faire attribuer ce magnifique privilége. La question était donc à peu près oubliée de ce côté-ci de l'Océan quand, derrière les murs d'une prison d'État, un autre prince, qui depuis est devenu l'Empereur, lui donna, en Angleterre et en France, un retentissement et une popularité qu'elle n'avait jamais eus. Le captif de Ham, dont la pensée allait d'autant plus loin que son corps était moins libre, avait, le premier et le seul dans notre pays, embrassé complétement toutes les conditions du problème. Il ne séparait pas la construction du canal de la constitution d'une grande puissance maritime et indépendante sur le territoire de l'Amérique centrale. Il entrevoyait déjà sur un point de l'isthme, entre les deux grands lacs du Nicaragua et du Managua, qu'il appelait deux grands havres naturels, la Constantinople future du Nouveau Monde. Son projet porte l'empreinte de ce grandiose qui semble être le cachet du génie napoléonien. La brochure que le Prince a publiée à Londres, en 1846, et qui a été reproduite, en 1849, par la *Revue britannique*, est sans contredit le travail le plus remarquable que ce grand intérêt social ait inspiré (1); et le traité qu'il avait signé avec le re-

_____

(1) Voir à la note n° 1 ce travail entier du prince Louis-Napoléon.

présentant du Nicaragua, au mois d'avril de la même année, aurait infailliblement créé un empire hispano-américain et doté le monde du nouveau Bosphore, si la Providence, qui voit les choses de plus haut que nous et qui ne marche pas toujours à son but par la voie directe, n'avait réservé l'homme de son choix à une plus haute destinée, qui lui permet aujourd'hui de se contenter de vouloir pour que les grandes choses s'accomplissent.

Mais pendant que la face de l'Europe se modifiait sous l'influence d'une nouvelle révolution, les Américains agissaient et obtenaient une nouvelle concession. C'est le traité du 27 août 1849, conclu entre le Gouvernement du Nicaragua et la Compagnie White et Vanderbilt, de New-York. Ce traité avait cela de particulier qu'il comprenait à la fois un privilége de canal et un privilége de transit pendant la durée des travaux. Ces travaux devaient commencer dans le délai d'un an et être terminés dans celui de douze ans, et jusqu'à l'ouverture du canal la Compagnie se réservait, moyennant certains droits à payer à l'État, la navigation du fleuve Saint-Jean par des steamers et le transport des voyageurs et des marchandises jusqu'au Pacifique sur une route de terre qu'elle devait créer. Le contrat avait été garanti par le Gouvernement des États-Unis, qui s'y était réservé le droit de passage pour ses navires de guerre et plusieurs autres priviléges exclusifs. L'affaire paraissait donc aussi complétement engagée que possible, et les États-Unis s'étaient mis eux-mêmes en demeure de réaliser l'œuvre dont ils revendiquaient depuis longtemps le contrôle. Mais, soit que la Compagnie Vanderbilt fût impuissante, soit qu'elle jugeât plus sûr et plus fructueux de jouir des bénéfices énormes du transit sans courir les risques du canal, le canal ne se fit pas. Le traité de 1849 n'eut d'autres résultats que de faire faire par un ingénieur américain, M. Child, des sondages et des nivellements, qui complétèrent les études antérieures. L'État de Nicaragua ne toucha jamais un dollar de la part des bénéfices qu'il s'était réservés. La Compagnie viola, avec la plus insigne mauvaise foi, tous les engagements qu'elle avait contractés à son égard, et pour récompenser le Gouvernement nicaraguien de sa longanimité, après avoir, en 1854, provoqué le bombardement de Greytown (San Juan de Nicaragua), qui a ruiné cinq cents familles et détruit pour vingt millions de marchandises, elle prêta ses steamers, en 1855, aux flibustiers de Walker pour s'emparer de Grenade, et elle fit ainsi cause commune avec des bandits pour la destruction d'un État qui l'avait enrichie.

Tel est l'historique rapide de l'idée qui agite toute l'humanité depuis trois siècles et demi, et qui touche aujourd'hui à sa réalisation. L'élaboration de cette idée a été complète. Elle a traversé toutes les phases qui dégagent une conception de ses langes pour l'élever à la hauteur d'une déduction scientifique. La question de praticabilité ne saurait plus être discutée. Les études faites depuis trente ans par les ingénieurs anglais, français et américains, et notamment par M. John Baily, Garella et Child, offrent des bases suffisantes pour asseoir un avant-projet régulier où toutes les limites extrêmes seraient prévues. Le fait même de l'élimination successive des divers tracés qui se partageaient autrefois l'attention a créé pour le tracé de Nicaragua une donnée moyenne de dépenses que toutes les explorations confirment. C'est parce que seul ce tracé pouvait être l'objet d'un devis positif qu'il l'a emporté sur d'autres projet plus séduisants, comme celui de Panama, qui laissaient trop de marge à l'inconnu. Toutes les conditions réclamées à juste titre par les capitaux se rencontrent donc, à point nommé, dans l'état actuel de la question. Elle est mûre, autant que des calculs multiples peuvent garantir cette maturité. Elle a pour patrons dans le passé une filiation splendide de noms illustres, et de notre temps Alexandre de Humboldt, Guillaume Ier, Michel Chevalier et Napoléon III. C'est à l'abri de ces autorités souveraines que nous avons osé ambitionner pour notre pays, ou plutôt pour notre époque et pour la civilisation entière, l'honneur de mettre le sceau au rêve de Fernand Cortès.

Le *secret du détroit* n'est plus un secret. L'avant-projet qui va suivre le rendra intelligible pour tous, en même temps qu'il fixera, d'une manière irrécusable aux yeux de la science, la limite extrême des dépenses que doit entraîner son exécution.

———

IV.

DEVIS DES DÉPENSES.—AVANT-PROJET.

On devine que tous les projets de canalisation à travers le territoire du Nicaragua devaient s'emprunter, par la force des choses, la section du fleuve Saint-Jean, en modifiant le régime de ses eaux selon le système adopté par chaque ingénieur. Tous devaient aussi traverser le lac de Nicaragua dans un sens ou dans un autre, pour aller rejoindre le massif de l'isthme au point où commencerait sa coupure. La véritable originalité de ces projets ne consistait donc que dans leur dernière section, celle du seuil du Pacifique, et dans le choix du port qui devait servir de tête de canal dans la mer du Sud. Or, nous avions remarqué que ni M. Baily, ni M. Child n'avaient eu la main heureuse à cet égard : tous les deux coupaient l'isthme sur des points où sa hauteur continue exigeait d'énormes tranchées, et ni l'un ni l'autre n'aboutissait à un port, car ni Brito ni Saint-Jean du Sud ne méritent ce nom. Il y avait donc à nos yeux une lacune à combler dans toutes ces études. Un canal à grande section ne pouvait se passer d'un abri ou d'un port à chacune de ses extrémités, et il y avait lieu d'en chercher un sur le Pacifique qui fut au moins le corrélatif de celui de San-Juan de Nicaragua ou Greytown sur l'Atlantique.

Il est vrai que le plan du prince Louis-Napoléon avait tranché d'avance la difficulté en faisant déboucher son canal à Realejo, le seul port de la côte jusqu'à la baie de Fonseca. Mais le gigantesque de cette conception, qui embrasse, dans une étendue de plus de cent lieues, le système entier des eaux du Nicaragua, supposait une force de réalisation que son auteur seul pouvait mettre en œuvre. Dans les circonstances actuelles surtout, où l'indifférence des capitaux ne pouvait être vaincue que par une démonstration mathématique, il fallait une solution plus simple pour sauver à la fois l'existence du canal et les intérêts de nationalités dont il devenait le pivot. Le plan du prince Louis-Napoléon s'accomplira un jour, dans un avenir peut-être très-prochain, car il répond à tous les besoins d'agrégation de l'Amérique centrale, et la reconnaissance publique du pays lui a conservé son nom de *tracé Napoléon*. Mais pour jeter les premières assises de cette aggrégation, nous avons dù chercher ailleurs une section plus courte, moins discutable, d'une réalisation plus immédiate surtout, et dotée d'un véritable port, et nous croyons l'avoir trouvée dans la coupure de la Sapoa à Salinas.

Quelques circonstances toutes locales expliquent comment personne n'y avait songé jusque-là, au moins comme branche occidentale alimentée par les eaux du lac. Le pays qui entoure la baie de Salinas est une région peu connue, éloignée des centres de population, sillonnée seulement par des Indiens ou par les courriers des deux gouvernements limitrophes, et qui, toujours revendiqué par le Nicaragua, appartient de fait à Costa-Rica depuis 1828. Or, la préoccupation constante des ingénieurs et des compagnies avait été de traverser les zones les plus populeuses du pays, et de s'éloigner le moins possible de Rivas et de Grenade. Bien plus, comme le Nicaragua s'était attribué le privilége exclusif de la concession, on ne pouvait naturellement choisir un passage que sur son territoire. La question spéciale s'est ainsi trouvée subordonnée à deux considérations très-puissantes, mais d'une faible valeur au point de vue scientifique. Nous n'avons pas cru devoir suivre ces errements. Il nous a semblé utile, au contraire, d'élargir la base des négociations en y faisant entrer deux États au lieu d'un, et de créer ainsi un commencement de fédération effective qui ne tarderait pas à se généraliser. Nous n'étions plus alors limité dans le choix du tracé par les limites d'un territoire ; nous étions libre d'aller droit au plus court, au plus praticable, au plus avantageux, certain d'ailleurs que la population viendrait des deux cotés, là où serait le canal. Or, l'examen des cartes spéciales nous avait indiqué à Salinas une dépression du plateau de Moracia formant un véritable col et dont nous avons pu vérifier depuis l'existence sur les lieux. Nous trouvions, de plus, dans la Sapoa, une rivière navigable pour commencement de la tranchée, et à Salinas même l'une des plus belles rades du monde pour son aboutissant. Nous donnions enfin aux États riverains une limite précise dont la nature devait confondre leurs intérêts au lieu de les diviser, et qui mettrait l'entreprise elle-même sous la garantie solidaire de deux gouvernements. De pareils motifs étaient déterminants ; ils expliquent toute l'économie des combinaisons que les conférences de Rivas ont sanctionnées.

Il restait à exposer la valeur technique de ces combinaisons et à leur donner un corps précis dans un avant-projet. Nous avons confié ce soin à un ingénieur dont la compétence en ces matières est hautement appréciée tant en France qu'en Angleterre. A part leur mérite scientifique, les travaux de M. Thomé de Gamond présentent un caractère éminemment cosmopolite, condition essentielle pour une entreprise internationale qui sollicite le concours de toutes les intelligences, sans distinction d'écoles et de nationalités.

Nous présentons donc avec confiance, à la discussion des hommes spéciaux, un aperçu sommaire du travail de M. Thomé de Gamond, comme une base largement suffisante pour apprécier dans leur limite extrême les dépenses du canal.

NOTE EXTRAITE DE L'AVANT-PROJET.

« Quant le négociateur de la convention de Rivas revint de sa laborieuse exploration de l'Amérique centrale, il ne nous était connu que par le traité auquel il avait donné son nom et que l'Europe avait accueilli avec une éclatante sympathie. Fortement impressionné déjà par la haute valeur diplomatique de cet acte, nous dûmes apprécier comme un grand honneur d'être associé aux travaux de M. Belly. L'unité de vues la plus complète sur le plan, sur l'exécution et sur la direction morale, si nécessaire au succès, s'établit entre nous dès les premières conférences. De grands devoirs étaient imposés aux fondateurs de cette entreprise. Nous avions personnellement insisté dans un précédent travail (1) sur l'utilité d'isoler l'étude des œuvres sérieuses de tout contact avec cet esprit de spéculation disposé à envahir les grandes combinaisons industrielles dès leur berceau. Que le public en possession d'une affaire se livre à tous les écarts de la spéculation sur des éventualités par lui entrevues, rien de plus légitime; en cela il est souverain; mais dans la période préparatoire de toute entreprise de cette nature, les fondateurs sont les gardiens responsables de son honorabilité, et leur devoir fermement compris élève leur mission à la hauteur d'un mandat public. Cette mission était ici d'autant plus épineuse que l'aspect du projet portait aux plus brillantes séductions.

« La tâche réservée à l'ingénieur était assez délicate. Les matériaux accumulés par M. Belly pour éclairer la question consistaient en une multitude de projets conçus par ses devanciers, et en documents recueillis sur place par lui-même. Tous ces documents avaient l'avantage de se contrôler mutuellement, comme par une action contradictoire, et malgré quelques lacunes regrettables, mais d'un ordre secondaire, ils nous parurent renfermer les éléments suffisants pour l'assiette d'un avant-projet. Il ne restait qu'à dégager une sorte de synthèse technique de toutes ces propositions, prétention certainement ambitieuse de notre

----

(1) Etude sur l'avant-projet d'un Tunnel Sous-Marin entre l'Angleterre et la France. Paris. Victor Dalmont, 1857.

part, mais prodigieusement attrayante par la colloboration antérieure des plus puissants esprits.

« La publication des cartes et plans à l'appui de ce Mémoire étant retardée par suite de travaux matériels imposés par la précision même du travail, nous avons le regret de ne présenter dans cet abrégé que des réductions bien insuffisantes. Pour combler les lacunes dans la construction de la grande carte de l'avant-projet que nous publierons bientôt, nous avons eu recours à la méthode des supputations si heureusement mise en pratique par d'Anville, et qui est restée, en pareil cas, la règle des géographes. Mais, pour l'appréciation des volumes dans les terrassements, il ne pouvait en être ainsi ; il fallait une méthode plus précise en l'absence de documents plus complets.

« Dans ce but, étant donnée une série de points constatés dans le relief, nous avons fait passer par ces points une ligne de constantes, circonscrivant toutes les variables subordonnées, et comprenant à la fois, dans une même évaluation, les pleins et les vides. En sorte que ces évaluations, quant au volume, étant des *maximâ*, la rectification des erreurs auxquelles ce procédé conduit entraînera virtuellement des réductions dans la masse des déblais, et, par suite, dans la dépense prévue. Toute autre méthode, en l'absence des relevés de détail que peut seule fournir l'étude définitive d'exécution, exposerait à des mécomptes. Celle-ci a l'inconvénient de forcer les évaluations de la dépense dans les parties de l'avant-projet auxquelles elle s'applique. Mais cet inconvénient est bien moins grave que l'excès contraire.

« Le plan proposé, en exécution du traité Belly, présente un développement beaucoup moins grandiose que celui du Prince et apparaît comme une modeste synthèse de tous les travaux antérieurs. Il emprunte au projet napoléonien, sans modification notable, la partie la plus développée du tracé actuel, celle qui comprend le cours du fleuve Saint-Jean, depuis son embouchure dans l'Atlantique jusqu'à son origine dans le lac de Nicaragua, au seuil de San-Carlos. A partir de ce point, le tracé Belly, abandonnant les directions antérieurement proposées, traverse brusquement le lac de l'Est à l'Ouest, dans sa plus courte section, jusqu'à l'embouchure de la Sapoa. Là commence le canal qui doit couper le massif de l'isthme par une profonde tranchée pour déboucher sur le Pacifique dans la vaste baie de Salinas.

« On le voit, le tracé Belly présente la ligne de navigation la plus courte. Nous espérons démontrer bientôt que son exécution est aussi la plus promptement réalisable et en même temps la moins coûteuse. Quant à ses points d'accession sur l'un et l'autre Océan, l'aspect du plan démontre avec une incontestable évidence qu'aucune autre ligne directe ne saurait réunir au même degré des conditions nautiques plus favorables et plus déterminantes.

« Cela dit, nous allons examiner rapidement la donnée générale de l'œuvre dans ses trois principales sections :

« 1° Le point de partage du canal ;

« 2° La branche orientale ;

« 3° La branche occidentale.

§ 1ᵉʳ. — Le point de partage.

« S'il est vrai que le choix du point de partage des eaux soit l'œuvre la plus délicate dans l'établissement d'un canal à plans d'eau multiples, constatons que, dans le projet proposé, la pensée de l'ingénieur est débarrassée de toute préoccupation de cet ordre. La présence, au sommet du tracé, d'un réservoir d'alimentation unique dans le monde par sa masse et son étendue, ne lui laisse qu'un seul parti, celui de subordonner la conception aux voies indiquées par cette puissante invite de la nature.

« Le lac de Nicaragua est lui-même le point de partage et l'inépuisable réservoir des eaux destinées à l'alimentation du canal des deux océans. C'est une mer intérieure, longue de quarante lieues sur quinze de largeur, présentant une surface de six milliards de mètres. Quarante rivières, dont plusieurs sont navigables, versent leurs eaux dans ce magnifique bassin. Le lac de Nicaragua reçoit, en outre, le trop plein du lac supérieur de Managua par le rio Tipitapa, comme lui-même alimente le fleuve Saint-Jean qui descend dans l'océan Atlantique.

« Le niveau du lac de Nicaragua, d'après l'ingénieur Baily, est à 36 mètres au-dessus de l'Atlantique, et à 38 mètres au-dessus du Pacifique, d'où il résulte une différence de 2 mètres environ entre les surfaces des deux Océans (1).

« Le lac de Nicaragua constitue donc, selon notre plan, l'immense bief supérieur d'alimentation du canal. Son niveau varie, dans le cours de l'année, entre deux limites extrêmes dont la différence n'excède pas deux mètres, et atteint son maximum à la fin de la saison des pluies. Durant la saison sèche, l'évaporation de cette surface immense n'étant pas compensée par un égal débit des affluents, son niveau s'abaisse de près de deux mètres au-dessous des plus grandes eaux ; mais au-dessous de cet étiage, la cuvette du lac présente une profondeur variable dépassant 10 mètres. Sur la ligne du tracé qui nous intéresse, M. Child, ingénieur américain, a constaté des fonds de 18 mètres, et il est à présumer que dans la région centrale on rencontrerait des fonds beaucoup plus considérables. Telle est aussi l'opinion de M. Baily qui constate un sondage de 84 mètres au milieu du lac.

« A l'exception de quelques points du littoral offrant des mouillages privilégiés, les accores du rivage sont en général très-plates et accessibles seulement pour les petites embarcations, ce qui né-

---

(1) Une dénivellation dans un ordre inverse existerait, à l'isthme de Panama, selon Garella, qui a trouvé sur ce point le niveau moyen du Pacifique surélevé de 3 mètres relativement à celui de l'Atlantique. En admettant l'exactitude de ces données, elles ne présentent rien d'anormal, en ce qui concerne la loi générale du niveau des océans. Ces variations dans le relief des surfaces liquides, sur des points aussi éloignés, sont dues à des causes purement locales, expliquées par la présence de courants littoraux ou par des gains de flot, ainsi que l'a exposé avec tant de clarté M. E. Keller, à l'occasion d'un phénomène de ce genre par nous observé au détroit de Calais, sur des points très-rapprochés, dans une même mer.

cessitera le creusement d'un chenal pour l'abaissement du plafond du lac à chacun de ses points de jonction avec les deux branches du canal.

« Le creusement de ce chenal sera d'autant plus facile que le plafond du lac dans sa région méridionale est un sol d'alluvion récente, dont la formation se poursuit dans la période actuelle, alimentée par le dépôt des limons descendus des forêts bordant ses affluents.

« Les chenaux d'accession seront creusés par la drague à vapeur. Ils seront défendus à leur origine par des jetées parallèles en charpente, enracinées aux rives du lac et indiquées au large par des lignes de balises.

« L'ensemble de ces travaux d'accession sur le lac, tant en charpente qu'en draguage, coûtera 2,720,000 fr.

« Le réservoir d'alimentation étant décrit et le niveau élevé qu'il occupe au-dessus des océans reconnu, il importe d'examiner la condition physique imposée aux deux branches du canal. Il devient aussi plus facile d'étudier les moyens entrevus pour racheter la grande dénivellation des deux versants de l'isthme et pour permettre aux navires, en montant sur le lac, de passer d'un océan dans l'autre.

§ 2. — La branche orientale.

« La branche orientale du canal de Nicaragua est le lit même du fleuve Saint-Jean. Ce fleuve, depuis sa sortie du lac, à San-Carlos, jusqu'au port San-Juan-del-Norte, sur l'Atlantique, décrit deux courbes inverses dont la longueur directe est de 145 kilomètres, mais dont les nombreuses sinuosités allongent le parcours jusqu'au développement effectif de 175 kilomètres.

« La différence du niveau des deux limites extrêmes étant, comme on l'a vu, 36 mètres 50 c., la pente moyenne du cours naturel du fleuve Saint-Jean est un cinq millième du parcours. Ce serait une pente très-forte et d'une remonte coûteuse pour les

navires. Mais cette moyenne n'existe pas dans la nature. Le lit
du fleuve est oblitéré dans sa région supérieure par des barres de
roches affleurant parfois la surface des eaux. Ces barres modi-
fient le courant, qui se précipite en rapides successifs, d'un
difficile accès, tandis que, dans la plus grande partie de son
cours, l'onde du fleuve est presque dormante.

« Trois systèmes se présentent à l'examen de l'ingénieur pour
la canalisation du fleuve Saint-Jean :

« 1° *L'amélioration pure et simple du régime naturel du fleuve,*
par la coupure des barres formant les rapides et par des travaux
de fouille dans le relief du plafond. Ces travaux, quelque considérables qu'on les suppose, ne pourraient atteindre le but proposé : l'établissement d'un tirant d'eau constant de 8 mètres.
Le fleuve resterait inaccessible aux navires d'un fort tonnage, et
les difficultés de la remonte seraient accrues ; ces divers motifs
nous portent à écarter cette proposition.

« 2° *La canalisation par biefs de niveau.* C'est la proposition
élémentaire de quelques ingénieurs, introduite préalablement à
tout examen sérieux. A part l'inconvénient grave de multiplier
outre mesure les écluses, le régime naturel du fleuve Saint-Jean
exclut l'adoption d'une canalisation dormante à biefs de niveau,
laquelle ne pourrait réellement s'établir qu'au moyen d'un canal
latéral. Le Saint-Jean reçoit sur son parcours soixante-dix affluents, qui débitent dans son lit un volume d'eau bien autrement considérable que le contingent initial fourni par le lac, au
seuil de San-Carlos. Tous ces affluents, dont plusieurs sont navigables, traversent des forêts vierges dont ils entraînent l'humus.
Ces troubles sont accumulés en suspension dans le fleuve Saint-
Jean, qui les porte à l'Océan. La nécessité de maintenir dans le
fleuve une canalisation à courant continu apparaît donc comme
imposée par une condition naturelle inévitable ; son lit est en
effet le thalwag de tout le système, l'artère d'émission vers la
mer des affluents recueillis sur son parcours et des troubles

abondants que le mouvement de leurs eaux tient en suspension.

« 3° *La canalisation à courant continu* : telle est la troisième
proposition, digne du plus sérieux examen, en ce qu'elle implique
l'adoption d'un système mixte auquel convie par-dessus tout
l'état des lieux. Elle est la base du plan que nous présentons.

« Au point de vue d'une canalisation à grand tirant d'eau, le
régime du fleuve Saint-Jean ne peut en effet être maintenu suivant la pente naturelle d'un cinq millième. Le rachat intégral de
cette pente, au moyen d'un système de chutes, transmises par
des biefs de niveau, n'est guère plus admissible, en ce qu'il aurait pour résultat le prompt envasement de ces biefs. Il faut
barrer ; et en cela on ne fera que généraliser, par des conditions
normales, le régime naturel existant dans les rapides du bassin
supérieur ; mais ces barrages devront être répartis avec mesure,
selon l'état général des berges, sur le cours entier du fleuve,
dont ils régulariseront le courant.

« L'adoption d'un système mixte permet d'obtenir le brassiage
désiré par abaissement du plafond, en même temps que par surélévation du plan d'eau, au moyen d'endiguements dans l'aval
des biefs.

« Nous proposons sept barrages sur le cours du Saint-Jean, y
compris l'écluse de défense construite a la mer. Nous inclinons à
penser que ce nombre pourrait même être réduit.

« D'après ce plan, les cinq rapides du Toro, de Castillo, de
Ballas, de Mico et de Machuca seraient rachetés par les trois
écluses d'amont n°s 1, 2 et 3. (Voir la grande carte d'étude dressée pour l'avant-projet.)

« Deux autres écluses seraient établies en amont des confluents
du Rio San Carlos et du Rio Sarapiqui ; une sixième au confluent
du Rio Colorado, et la septième au débouché du fleuve dans l'Atlantique à San Juan del Norte.

« Au moyen de ces sept barrages, le courant du fleuve est
régularisé selon la pente du vingt millième. Ce courant est assez

faible pour offrir peu de résistance au hallage des navires, et suffisant néanmoins pour maintenir ses troubles vaseux en suspension jusqu'à la mer.

« Les écluses seraient construites pour contenir quatre navires à la fois, afin de réduire les manœuvres, sans accroître notablement leur durée, dès l'instant que l'on dispose d'un volume d'eau illimité pour les éclusées.

« Dans ce but, l'œuvre entière des sas serait circonscrite dans le bief supérieur du fleuve, ce qui permettrait d'écluser très-vivement par le jeu direct des aqueducs de fond dans toute la longueur des bajoyers.

« Les sas de ces écluses auraient 30 mètres de largeur entre les bajoyers et 80 mètres de longueur d'un busc à l'autre. Les portes seraient ouvertes à la largeur de 15 mètres.

« Ces dimensions, pour quatre navires assortis, ne paraîtront pas exagérées aux hommes qui observent les tendances de l'architecture navale, en ce qui concerne surtout la navigation du Pacifique. Elles permettraient, aux époques de grande activité dans la navigation, de livrer passage à plus de trois cents navires par jour.

« Nous pensons que, dans les travaux à exécuter sur cette branche orientale, il importe de faire prédominer les ouvrages en charpente sur la maçonnerie. Le fleuve Saint-Jean traverse dans tout son parcours une forêt vierge, et ses berges sont chargées d'arbres du plus fort échantillon en diamètre et en longueur. Ces bois appartiennent à la concession et peuvent être mis en œuvre à discrétion, dans une proportion illimitée, sans autre dépense que celle du travail du charpentier. Méconnaître la valeur de ces ressources gratuites pour préférer des constructions en maçonnerie, par cela seul que ces dernières sont plus monumentales ou plus durables, ce serait accroître à plaisir la dépense pour une vaine satisfaction. Des ouvrages en charpente où la matière gratuite serait employée sans parcimonie dureraient un

demi-siècle et même un siècle. Après l'ouverture du canal, la
Compagnie pourra, si bon lui semble, avec les recettes entrevues, se donner le luxe de constructions monumentales; mais,
pour le présent, ce qui importe, c'est de passer, au plus vite et
au meilleur marché, d'un océan dans l'autre.

« Les travaux projetés sur la branche orientale se résument
ainsi :

Sept barrages munis d'écluses à sas, à 1,000,000 fr. l'une . . , ...	7,000,000 fr.
Endiguements à l'aval de chaque bief, à raison de 300,000 fr. par bief, soit pour 7 biefs	2,100,000 fr.
Travaux de draguage sur le plafond du fleuve	8,500,000 fr.
Travaux de mine pour abaisser les barres des rapides	2,750,000 fr.
Chemins de halage.	3,750,000 fr.
TOTAL	24,100,000 fr.

« C'est au moyen de cet ensemble de travaux que le fleuve
Saint-Jean serait canalisé à courant continu, suivant la pente
moyenne d'un vingt millième.

« Ces évaluations sommaires sont celles que le projet du Prince
avait prévues pour le fleuve Saint-Jean, à la seule différence
d'une surélévation de trois millions par nous prévue pour les
écluses. Nous avons proposé, en vue de réduire les manœuvres,
sept écluses au lieu de dix projetées par le Prince. Le type de
ces écluses est agrandi à raison de leur nombre plus restreint, et
nous avons proposé d'augmenter la surface des sas pour le passage de quatre navires à la fois.

« Si nous avons cru pouvoir proposer cette modification au
projet du Prince, c'est qu'elle nous a été inspirée par deux mo-
difications notables survenues depuis son apparition : d'une part,
dans l'accroissement prodigieux du mouvement maritime, qui

impose une utilisation plus complète du travail des éclusées ;
d'autre part, dans la tendance de l'architecture navale aux
grosses constructions.

§ 3. — *La branche occidentale.*

« Cette branche est beaucoup plus courte que celle du fleuve
Saint-Jean. Mais, à raison du relief de l'isthme et des grands
travaux prévus pour sa coupure, le canal de Salinas est en réalité l'œuvre capitale du projet et nécessite une imposante accumulation de forces en vue d'une prompte exécution.

« La coupure de Salinas est la partie du tracé par où le projet
de M. Belly diffère de ceux de tous ses devanciers. L'examen
des mouillages de la côte du Pacifique, dans la région correspondante au lac de Nicaragua, démontre leur complète insuffisance
au point de vue d'un grand mouvement maritime. Au sud de
cette région, la baie de Salinas présente, au contraire, des conditions nautiques comparables à celles des meilleurs ports du
monde. C'est une profonde rade circulaire de cinq mille hectares
de superficie, sans plages basses, et dont la profondeur, exacte-
ment sondée, varie de 8 à 14 mètres. Son mouillage, protégé en
outre par la petite île située à l'entrée de son chenal, est réputé
par nos officiers un des meilleurs de la mer du Sud.

« La création du canal de Salinas permettra de resserrer l'entrée de cette baie et de la convertir en un port clos, au moyen
d'une digue enracinée à la plage et construite avec les débris
rocheux de la grande tranchée projetée. Il serait d'autant plus opportun de convertir en un port la baie de Salinas, que ce port
resterait, en outre, muni d'une belle rade foraine, par le voisinage contigu de la baie Thomas. (Voir la grande carte de l'avant-
projet.)

« Le gisement magnifique de la baie de Salinas apparut donc
à M. Belly, comme le pivot naturel et indiscutable du futur mou-

4

vement maritime à établir dans ces contrées, et le débouché
normal du canal des deux océans sur le Pacifique. Il restait à
explorer le massif de l'isthme entre cette baie privilégiée et le
lac de Nicaragua. Déjà le Gouvernement de Costa-Rica, en possession de ce territoire, avait fait étudier cette région par l'ingénieur
danois OErstedt, dans le but d'établir un chemin de transit entre
le lac et le mouillage de Salinas. On savait, par le récit des Indiens
employés à transporter sur le lac le sel des salines de la baie,
qu'il existait des gorges profondes entre les collines qui séparent
le rio Sapoa de l'océan. (Voir sur la grande carte le *chemin des
Indiens.*) L'ingénieur OErstedt releva avec assez d'exactitude le
croquis géographique de cette intéressante contrée, où coule le
rio Sapoa, qui n'était connu alors que par son embouchure dans
le lac. Il dessina le cours de cette rivière dont les affluents supérieurs, au nombre de cinq, descendent des flancs du volcan
l'Orosi, et dont les vallées, couvertes de forêts vierges, sont
habitées par de magnifiques races d'Indiens. Il mesura avec précision la distance et l'élévation du point où cette rivière cesse
d'être navigable. Il reconnut que les plateaux calcaires, équivalents des formations jurassiques, qui constituent la charpente de
cet isthme, et dont la hauteur moyenne est de 160 à 180 mètres
au-dessus du Pacifique, sont interrompus en ce lieu sur 4 kilomètres de longueur, par une multitude de dépressions qui ne
sont autre chose que ces gorges signalées par les Indiens. La
plus basse de ces dépressions est le col de Salinas. L'ingénieur
OErstedt en mesura le niveau et le trouva situé à 40 mètres au-
dessus du lac de Nicaragua et à 78 mètres au-dessus du Pacifique,
confirmant par ces opérations contradictoires les données déjà
acquises sur les niveaux relatifs de ces deux plans d'eau ; résultat
d'une immense portée, vérifié par l'ingénieur anglais Baily, et
qui, joint aux documents complémentaires recueillis par M. Belly,
est la base du projet que nous présentons.

« La connaissance ainsi acquise de cette dépression dans le

massif de l'isthme inspira à une Compagnie anglaise, sous le nom de *Costa-Rica-Route*, l'idée d'établir sur ce point un canal de jonction entre le Pacifique et le lac de Nicaragua. Ce canal devait être à point de partage, et alimenté par le barrage des affluents supérieurs de la Sapoa qui se seraient ainsi vidés à la fois sur le lac et sur l'océan. Ce réservoir d'alimentation était projeté à un niveau peu inférieur à celui du col de Salinas. Cette proposition était économique, en ce qu'elle n'entraînait à trancher qu'un faible déblai au sommet du col ; mais de même que le projet de notre digne et si regretté ami M. Garella, elle péchait par un vice fondamental, l'insuffisance du réservoir d'alimentation pour un canal à grand tirant d'eau, dans une contrée exempte de pluies pendant les deux tiers de l'année. Aussi cette proposition resta-t-elle sans succès.

« Bien que les opérations de l'ingénieur OErstedt, confirmées par M. Baily, eussent tout le caractère d'un travail consciencieusement accompli, M. Belly voulut en faire faire sous ses yeux la vérification. Dans ce but, il explora dans le plus grand détail, accompagné des géomètres de la contrée, tout le système de collines boisées qui ondulent entre le bassin de la Sapoa et le Pacifique, et particulièrement la région où le col de Salinas, après une multitude de petits ressauts, s'abaisse brusquement vers l'Océan. L'exploration de M. Belly, confirmant les observations recueillies par ses prédécesseurs, le décida en faveur du tracé par le col de Salinas.

« Nous avons réduit le tracé de ce petit canal à deux alignements, partant du lac et du Pacifique, et réunis sous l'incidence de 125 degrés, près du confluent du rio Rispero dans la Sapoa. Il est probable que l'étude complète du relief de l'isthme déterminera l'adoption d'un plus grand nombre d'alignements ; mais en attendant ces documents précis, nous proposons provisoirement ce tracé, comme plus élémentaire, et comme le seul proposable, en l'état des lumières acquises sur ce point.

« Nous présentons, au bas de la grande carte du tracé et à la même échelle de longueur, le profil du canal de Nicaragua, dans tout son développement d'un océan à l'autre. Pour rendre plus sensible le relief du sol et des eaux, nous avons dû exagérer *au centuple* l'échelle des hauteurs. On peut suivre sur ce profil la donnée de la branche de Salinas dans toute sa simplicité.

« La section d'amont, longue de 12 kilomètres, est profilée d'un seul bief, selon le niveau même du lac, dont elle est la prolongation jusqu'au Rispero. A partir du lac, le canal suit la vallée de la Sapoa, dont il emprunte le lit, en le redressant, pendant 6 kilomètres, jusqu'au rio de Las-Vueltas, point où la Sapoa décrit un large cirque d'onde dormante et cesse d'être navigable. A ce point, le sol de l'isthme s'élève sensiblement jusqu'au sommet du col de Salinas, situé lui-même à 6 kilomètres du Pacifique. C'est au rio de Las-Vueltas que doit commencer la grande tranchée, au fond de laquelle sera creusé le canal de Salinas. Cette tranchée, dont la longueur est de 10 kilomètres, depuis le cirque de Las-Vueltas jusqu'au troisième bief, atteint une hauteur de 40 mètres au point culminant du col de Salinas. Elle présente un déblai de onze millions de mètres cubes, dont la plus grande partie est en roches argileuses et calcaires.

« Nous avons dit que la section d'amont de ce canal transportait d'un seul bief le niveau du lac jusqu'au confluent du Rispero. Là commence la section d'aval, qui doit verser les eaux du lac dans la baie de Salinas. La différence de niveau des deux points extrêmes de cette section, qui est de 38 mètres, est rachetée au moyen de six écluses à sas de 6 mètres 40 cent. chacune. D'après notre tracé, ces six écluses sont reliées par cinq biefs de 2 kilomètres chacun. Mais il est douteux qu'une division aussi régulière puisse être conservée dans l'exécution, et il est plus naturel d'admettre que l'irrégularité des pentes du terrain sur le versant du col vers la mer fera modifier cette division. Certains biefs pourront être raccourcis jusqu'à un kilomètre; mais on évitera sans doute, autant que possible, les écluses accolées, si gênantes dans l'exploitation. Ce système, dont on a déjà reconnu les in-convénients, au canal Calédonien, en aurait de bien plus graves en face du mouvement maritime entrevu pour le canal de Ni-caragua.

« Le tirant d'eau du canal de Salinas sera réglé à 8 mètres comme au fleuve Saint-Jean, dans le but de livrer passage aux frégates de premier rang et à des navires de commerce jaugeant 2,000 tonneaux. Quant à la largeur de ce canal, nous proposons celle qu'avait adoptée Garella pour le projet de Panama, la même qu'avait adoptée aussi pour le canal du Nicaragua le prince Louis-Napoléon, à savoir 44 mètres à la ligne d'eau, dimension qui dépasse de 3 mètres 70 centimètres celle du canal Calédonien. (Voir à la fin, Document nº 1, le projet du Prince.)

« Le canal de Salinas, dont la largeur est fixée à 44 mètres à la ligne d'eau, et à 40 mètres au plafond, est muraillé sur les deux rives, suivant un fruit de 2 mètres, tantôt en maçonnerie, tantôt en bois, selon le choix des matériaux adjacents. Dans ces conditions, il présente sur toute sa largeur un brassiage utile, et les navires pourront faire quai de chaque bord dans le parcours entier du canal.

« La masse de déblai pour le creusement du canal de Salinas, dans sa longueur de 22 kilomètres, depuis le lac jusqu'à la mer, produit un volume de 7,400,000 mètres cubes.

« Nous avons indiqué, au paragraphe de la Branche orientale, la dimension des écluses, qui est la même en tout point pour le canal de Salinas.

« Abordons actuellement la question de la main-d'œuvre, l'élément le plus intéressant pour les entrepreneurs.

« L'exemple des pratiques usitées par les grands entrepre-neurs anglais dans les travaux de terrassement, a été une leçon des plus fructueuses dans les travaux de chemins de fer entrepris en France depuis dix-huit ans. Sous ce rapport, on ne pourrait

nier sans partialité que l'ingénieur anglais Joseph Locke n'ait
rendu un véritable service à la France en introduisant dans nos
ateliers de travaux publics les procédés de son pays. Nous y
avons gagné une app'ication plus intelligente des forces, en vue
d'un maximum d'utilisation, tout en ménageant la peine des
hommes; résultat doublement heureux sous le rapport moral et
économique, en ce qu'il aboutit à une accélération de vitesse et à
un abaissement de la dépense dans l'exécution. Cet avantage incontestable n'a pourtant été obtenu qu'au prix de légères modifi-
cations dans l'outillage et dans la manière de s'en servir. On doit
donc tout mettre en œuvre sur les ateliers à installer dans ces
contrées lointaines, pour substituer le travail mécanique à celui
des bras. C'était déjà l'opinion de M. Michel Chevalier quand il
publiait ses *Recherches sur la canalisation maritime de l'isthme
de Panama.* « De nos jours, disait-il, dans un cas de nécessité,
« en déployant le matériel perfectionné dont dispose maintenant
« l'ingénieur, on peut opérer des tranchées fort profondes, de
« grands mouvements de terre sans une dépense extraordinaire.
« Sur le canal d'Arles à Bouc, par exemple, le plateau de la
« Lecque a été coupé par une tranchée de 2,100 mètres de lon-
« gueur, sur une profondeur, au point culminant, de 40 à 50 mè-
« mètres. La dépense a été de moins de 4 millions; et pourtant
« cette tranchée a été effectuée par les procédés anciens. Actuel-
« lement dans les grandes tranchées, on attaque le sol avec des
« armes d'une puissance extrême; on applique au transport des
« déblais le chemin de fer et la locomotive; l'homme n'a plus à
« effectuer avec ses bras que la fouille et la charge en wagons.
« Pour un objet pareil à la jonction des deux mers, on pourrait
« même tenter l'impossible (1). »

_____

(1) M. Michel Chevalier cite à cette occasion la grande tranchée de Huehuetoca,
exécutée anciennement par les vice-rois du Mexique, pour l'écoulement des lacs voisins
de Mexico, dont la longueur totale est de 20.585 mètres ; dont le profondeur est de
45 à 60 mètres pendant plus de 800 mètres, et de 50 à 50 mètres pendant 5,500 mètres.

« Depuis vingt ans que ce digne maître a écrit ces préceptes stimulants, ils sont comme toutes ses autres prophéties, passés dans la pratique. M. Michel Chevalier limitait alors à la fouille et à la charge l'intervention du bras de l'homme. Mais ce programme déjà si réduit, s'est de plus en plus restreint.Quant à *la fouille*, la machine Bartlett fore actuellement les trous de mine dans tous les sens, au moyen de la vapeur, dans un temps huit fois plus court qu'avec les broches à main, et permet ainsi d'appliquer la poudre avec une grande économie, pour l'abatage d'immenses déblais, dans les tranchées à ciel ouvert. Cette même machine permet, comme nous l'avons démontré ailleurs, d'attaquer aussi les roches directement par l'acier sans l'intermédiaire de la poudre. C'est un résultat auquel il faut tendre dans une contrée où le combustible est gratuit pour la Compagnie, conséquemment la vapeur peu coûteuse, tandis que la poudre est chère partout. Enfin, quant à *la charge* des wagons, la dernière opération qui semblait rester imposée au bras de l'homme, des essais les plus concluants viennent de démontrer qu'elle peut en partie s'effectuer dans les grands ateliers de terrassements par des agents mécaniques.

« Telles doivent être assurément les préoccupations des ingénieurs et des entrepreneurs qui seront appelés à construire le canal de Nicaragua. Tout en tenant compte des résultats à entrevoir dans cette direction, il importe néanmoins d'examiner les ressources offertes par l'état actuel de la main-d'œuvre dans la contrée. Bien qu'il demeure avéré que le bénéfice des entrepreneurs des grands travaux publics doive désormais être obtenu en substituant aux bras de l'homme les forces mécaniques d'un matériel puissant, nous croyons prudent de baser nos calculs sur la prédominance de la main-d'œuvre, en ce qui concerne les

---

Elle a été entièrement pratiquée à bras d'homme et a coûté 31 millions. Quoique beaucoup moins développée en hauteur et en étendue, la coupure de Salinas est le monument de ce genre qui se rapprochera le plus de celle de Huehuetoca.

terrassements. Pour les dépenses, ainsi que nous l'avons fait dans l'évaluation des volumes, il est convenable, en vue d'éviter les mécomptes, de placer par supposition les éléments du travail dans les conditions les moins favorables.

« Les ressources de la main-d'œuvre locale seront donc la base de tous les calculs concernant l'exécution du canal. La faiblesse de ces ressources dans la province de Panama avait été une vive sollicitude pour M. Garella. Mais le canal présentement proposé est sous ce rapport dans des conditions bien autrement meilleures qu'à Panama. Le canal de Nicaragua traverse deux États contenant des éléments de population capables de fournir, pour la construction du canal, bien au delà du contingent d'ouvriers voulu, au point de vue de la plus grande rapidité dans l'exécution.

« Pour les travaux à effectuer sur le fleuve Saint-Jean, la côte de l'Atlantique fournit une population mosquite de Caraïbes vigoureux, intelligents et agiles, dressée depuis deux cents ans par les Anglais à l'exploitation et au débardement des bois de toute essence qu'ils tirent de ce littoral. Sur la rivière des Indiens, voisine de San-Juan-del-Norte, comme sur les rives de l'Escondido, les chefs des tribus en relation avec les entrepreneurs amènent sur leur demande, à l'instant même, des escouades illimitées de vigoureux travailleurs, façonnés de longue main aux corvées les plus pénibles, exécutées indifféremment sur terre et dans l'eau. M. Belly s'est assuré, auprès des chefs de ces Indiens qu'ils se faisaient fort d'en fournir au premier appel, jusqu'à concurrence de trois mille, pour un salaire moyen de deux francs par jour. Ces auxiliaires énergiques qui sont d'habiles nageurs, manient la cognée et manœuvrent les pirogues par eux construites avec une adresse extrême. Ils ont providentiellement toutes les qualités désirables pour les ouvrages projetés sur le Saint-Jean.

« Quant aux grands travaux de terrassements à effectuer pour la coupure de Salinas, on trouvera des ressources plus que suffisantes dans les populations urbaines de l'Etat de Nicaragua, lesquelles s'élèvent à près de 200,000 habitants répartis dans vingt-cinq villes ou gros villages. Elles peuvent, sans aucune perturbation, fournir un contingent disponible de cinq pour cent, soit 10,000 hommes pris parmi leurs manœuvres ou petits artisans, si, par impossible, une semblable accumulation de forces manuelles devenait nécessaire à un moment donné. Ne sont pas comprises dans cette prévision de ressources les tribus indiennes contiguës dont le concours n'est cependant pas à dédaigner. Ce sont des chrétiens très-sociables et très-doux, parlant tous l'espagnol, très-disposés à la plus complète discipline moyennant un salaire régulier. Nous n'avons pas compté non plus la population de Costa-Rica presque entièrement absorbée par des cultures fructueuses et chèrement rétribuées, dont il ne serait ni convenable ni facile de les détourner. Mais il faut regarder comme un contingent sérieux une force militaire d'un millier d'hommes que les gouvernements des deux Etats ont déjà promis de mettre à la disposition des concessionnaires.

« Tous ces ouvriers s'estimeraient actuellement heureux de gagner 1 fr. 50 c. par jour, pour un contingent de travail utile qu'on ne saurait évaluer au-dessous de celui des paysans d'Europe. Mais comme déjà les soldats dont la condition peut servir de type de salaire, gagnent 1 fr. 80 c. par jour, et que l'ouverture de grands ateliers dans une contrée produit toujours une surélévation de prix ; nous prendrons pour base du salaire des manœuvres du canal la journée de 2 fr. 50 c., ainsi que l'avait prévu M. Garella.

« A très-peu d'exceptions près, ces contingents d'ouvriers ne sont applicables qu'à des travaux de grosses manœuvres, qui représentent en réalité les neuf dixièmes des forces vives. Mais le dernier dixième, celui des corps d'état, tels que charpentiers, tailleurs et poseurs de pierres, forgerons, mineurs et chefs d'équipe de tout genre, devra être emprunté à l'Europe. M. Garella évalue à 7 fr. 50 le salaire journalier de ces maîtres ouvriers. Nous estimons qu'il est prudent de le porter en prévision à 10 francs.

« C'est sur ces éléments que nous avons basé l'évaluation des dépenses portées au projet pour la branche de Salinas, dont le résumé suit :

« La tranchée de Salinas présente un volume de 11,000,000 de mètres cubes en déblai, à 2 fr. 50 c. le mètre.....................	27,500,000 fr.
« La fouille du canal, 7,400,000 mètres cubes, à 2 fr. 50 le mètre	18,500,000 fr.
« Le muraillement des parois du canal, 340,000 mètres superficiels, à 10 fr. le mètre.	3,400,000 fr.
« La construction de six écluses à sas, à 1,000,000 fr. l'une.....................	6,000,000 fr.
« Total des dépenses prévues pour la tranchée et le canal de Salinas..................	55,400,000 fr.

« Ces évaluations pourront paraître exagérées relativement aux dépenses similaires de l'Europe ou des États-Unis. Les prévisions de notre premier projet étaient en effet beaucoup moindres ; elles se sont successivement accrues. Notre premier devis pourtant était normal au pays où la construction est projetée. Mais, après l'avoir soumis à l'examen des hommes les plus autorisés, il nous fut démontré qu'à raison même des conditions exceptionnelles de l'atelier considéré, il fallait faire une part beaucoup plus large que nous ne l'avions prévue aux éventualités de toute nature, et proposer des prix capables d'exciter à un très-haut degré l'activité des entrepreneurs. Il est en effet désirable que les prix soient assez largement rémunérateurs pour engager les grands entrepreneurs d'Europe à traiter à forfait de la construction totale ou partielle du canal, moyennant un prix et un délai fixes, afin d'exonérer complétement la compagnie concessionnaire de toute régie directe pour l'exécution.

« Nous présentons donc ces évaluations comme le résultat d'une opinion collective plutôt que comme une appréciation personnelle ; car, dans ce travail, nous n'avons jamais été seul. Nous avons toujours eu pour auxiliaires, outre les illustres collaborateurs qui nous ont précédé, bon nombre d'ingénieurs émérites, vieillis dans la pratique des grandes constructions, tant en France qu'en Angleterre, et dont les lumières nous ont constamment inspiré. C'est après avoir discuté avec eux les divers éléments de ce projet que nous avons été successivement conduit à élever le chiffre des prévisions jusqu'à la limite actuelle.

« Les travaux du canal de Nicaragua pouvant être attaqués simultanément sur tous les points du tracé, seront achevés dans un assez court délai. Aucune cause de retard ne saurait donc être prévue, ni pour les ouvrages à effectuer sur le lac, ni pour la canalisation du Saint-Jean. Il n'en est pas ainsi pour la coupure de Salinas, où toutes les forces doivent être concentrées en vue d'un prompt achèvement.

« La tranchée de Salinas, qui exige un déblai de onze millions de mètres, ne pourra s'accomplir en moins de trois années. Comme rien de comparable n'a été fait en Europe, voire même la tranchée du canal d'Arles à Bouc, on pourra peut-être s'étonner à l'idée d'amouvoir des masses s'élevant parfois à vingt mille mètres par jour. C'est une question de matériel et d'atelier. Sans doute que, la première année, le grand travail d'installation des ateliers ne permettra guère d'arracher plus de deux millions de mètres au col de Salinas. Mais, après cette première année, tous les ateliers d'attaque étant ouverts et desservis par des voies d'émission et un matériel correspondants, on pourra abattre des masses qui n'auront pour limites que la puissance de ce matériel.

Aucun sacrifice ne doit être épargné en vue d'entrer le plus tôt possible en jouissance des énormes recettes du canal. Qu'est-ce, en effet, qu'une dépense d'une vingtaine de millions de plus, quand il s'agit d'arriver à la possession d'un revenu annuel dépassant le double de cette somme? Dans ce but, tous les efforts doivent être tentés, et nous croyons qu'on les tentera. C'est pourquoi nous avons dû prévoir une marge considérable dans la depense, en vue de la plus énergique accélération des travaux.

« Tout favorise, dans l'état des lieux, cette grande accélération du travail. La forêt qui couvre la contrée offre une masse immense de bois qui sera le véritable élément de force des ateliers. Il fournira gratuitement les traverses et les longrines pour les voies d'émission, qui n'exigeront dès lors qu'un volume de fer d'un poids insignifiant ; il fournira la vapeur pour les béliers de déblai, pour les locomotives desservant les transports, et s'il le faut, une surabondance de lumière pour éclairer les travaux de nuit.

« Durant les trois premières années, le canal de Salinas sera creusé et achevé dans toutes les sections en dehors de la tranchée. En sorte qu'à la fin de la troisième année, il ne resterait plus, pour unir les deux océans, qu'à ouvrir une dernière section du canal, longue de quelques kilomètres seulement, celle qui occupe le centre même de la grande tranchée de Salinas. Cette tranchée étant elle-même achevée à la fin de la troisième année, le creusement de la section correspondante du canal sera effectué dans le cours de la quatrième, et cette quatrième année verra s'achever la jonction définitive des deux océans.

« Nous ne doutons pas que cette durée de quatre ans par nous prévue pour l'ouverture du canal ne puisse être encore réduite d'un quart. Ce résultat serait infailliblement obtenu si la Compagnie faisait abandon de la moitié ou seulement du quart de sa première année de recette, au profit des entrepreneurs qui livreraient le canal parfait au bout de trois ans. Tout le monde y gagnerait immensément : la Compagnie, les entrepreneurs, et surtout la navigation générale.

« Il convient maintenant de résumer l'ensemble des dépenses prévues au projet :

« Travaux sur le lac de Nicaragua......	2,700,000 fr.
« Travaux sur la branche orientale (fleuve Saint-Jean).........................	24,100,000
« Travaux sur la branche occidentale (coupure de Salinas).....................	55,400,000
« Constructions, télégraphie, outillage spécial de la Compagnie.................	3,800,000
« Frais d'administration pendant quatre ans.............................	4,000,000
« Total des dépenses prévues pour la construction du canal de Nicaragua..........	90,000,000 fr.

« A quoi il convient d'ajouter :

« Somme à réserver pour mécomptes dans les prévisions, dépenses imprévues, primes spéciales aux divers entrepreneurs, intérêts aux actionnaires pour les premiers versements, etc.........................	30,000,000
« Total du capital à engager..........	120,000,000 fr.

« La marge considérable par nous prévue dans l'évaluation des travaux projetés nous autorise à penser que la totalité de ce capital de cent vingt millions ne sera pas absorbée par l'entreprise, et que la dépense effective ne dépassera guère cent millions. Néanmoins, pour parer à toutes les éventualités, la prudence paraît commander d'élargir les prévisions jusqu'aux limites que nous venons d'indiquer.

« Cette note, beaucoup trop longue peut-être pour le public, et beaucoup trop sommaire pour les hommes spéciaux, a surtout pour objet d'ouvrir largement la discussion sur les meilleurs procédés à mettre en œuvre pour la prompte jonction des deux océans. Peu de sujets sont plus dignes d'exercer les méditations des ingénieurs. Ce serait une erreur de penser que l'on puisse copier dans cette œuvre les travaux exécutés en Europe par le génie de construction. Il faut, pour l'accomplissement d'une telle entreprise, mettre avant tout à contribution les immenses ressources locales de la nature et utiliser, dans l'emploi de ces ressources, le génie de tous les peuples. Il faut *faire bien* comme les Hollandais, *faire vite* comme les Américains, *faire à bon marché* comme les grands praticiens de l'Angleterre, emprunter à chaque nation le trait distinctif de son génie, et répandre sur cet ensemble de facultés, comme pour le compléter, ce caractère scientifique éminent qui est dans les traditions de la France et qui éclate dans tous ses travaux. Les ingénieurs français ont pour mission de s'assimiler les aptitudes nationales des divers peuples, et cette mission bien comprise peut ici s'élever à la hauteur d'un véritable sacerdoce.

« Tel nous apparaît le point de vue élevé auquel devront se placer les constructeurs qui seront prochainement conviés à fournir pour cette entreprise le concours de leur talent. Il ne serait pas bienséant de chercher à faire prévaloir un esprit d'étroite nationalité dans une œuvre essentiellement cosmopolite, impliquant un concert universel, et qui doit puiser, sans distinction d'école, tous ses éléments créateurs dans la coopération collective de l'art contemporain.

« Thomé de Gamond. »

———

V.

RECETTES DU CANAL.

Le chapitre des recettes d'un canal maritime accessible aux plus grands navires, qui supprimerait le cap Horn et épargnerait à la navigation 2 à 3,000 lieues de parcours, pourrait, à la rigueur, se passer de détails. La révolution économique qui en résultera pour tous les peuples et les bénéfices considérables qu'en retireront les capitaux engagés sont choses universellement comprises ou plutôt devinées par la raison publique. Mais les affaires sérieuses se traitent avec des documents positifs. Les chiffres appellent les chiffres. Il a été constaté scientifiquement, dans le précédent chapitre, que le canal devait coûter, au *minimum*, quatre-vingt-dix millions de francs, et, avec une marge éventuelle prévue, cent vingt millions au *maximum*. Nous allons essayer d'exposer avec la même précision quels seront ses revenus certains et ses éventualités probables, et nous ne prendrons nos preuves que dans les *Annales du commerce extérieur*, publiées par le ministère de l'agriculture, du commerce et des travaux publics, dont tous les renseignements statistiques émanent d'une source officielle.

Un premier travail de ce genre a été fait en 1846 par l'illustre écrivain qui occupe une si grande place dans la tradition du canal. Le Prince Louis-Napoléon évaluait alors à quinze millions de francs les revenus de son exploitation, en s'appuyant sur le mouvement de navigation du cap Horn, tel qu'il avait été constaté en 1843. Or, en 1843 et même en 1846, les gisements aurifères

de l'Australie et de la Californie n'étaient pas découverts ; le
commodore Perry, de la marine américaine, n'avait pas forcé
les portes du Japon ; on ne connaissait de la Chine que Canton ;
le guano des îles Chincha n'était pas devenu une nécessité pour
l'agriculture ; le Pérou et le Chili n'avaient pas encore de commerce, parce qu'ils n'avaient pas de stabilité ; les îles Sandwich
n'étaient qu'un point dans le Pacifique, plus intéressant par ses
volcans en feu que par leur utilité de station maritime ; les
grands steamers et les fins clippers qui aujourd'hui sillonnent
l'Océan dans tous les sens, commençaient à peine à essayer leurs
forces contre le vieux matériel roulant de la marine à voiles.
Une révolution se préparait dans la circulation métallique, dans
la navigation internationale, dans le rôle dominateur des États-
Unis sur les mers, dans les relations du continent austral et de
la Polynésie avec l'Europe, et dans l'application de la vapeur à
des constructions navales d'un énorme échantillon ; mais cette
révolution n'était pas même entrevue. De 1846 à 1858, il y a,
au point de vue économique comme au point de vue politique,
plus d'un siècle de distance. Le captif de Ham portait alors à
900,000 tonneaux à peine la contenance des navires qui dou-
blaient chaque année le cap Horn, et dans ce chiffre la Californie
et les îles Sandwich ne figuraient guère que pour mémoire. Aujourd'hui, le seul port de San-Francisco accuse dans ses relevés
de douanes un mouvement d'un million de tonneaux, et celui de
Honolulu, la capitale de Kamehameha IV, de 227,000 tonneaux.
N'est-ce pas dire que toutes les appréciations du projet de 1846
se trouvent magnifiquement dépassées, et que si l'opération
financière était à cette époque suffisamment rémunératrice, il
n'y a plus de limites maintenant à ses légitimes prévisions.

Quelques chiffres feront toucher au doigt cette situation nouvelle si pleine de déductions forcées pour l'avenir.

Il faut admettre en principe que tous les navires qui participent au mouvement commercial des ports de la côte occidentale

de l'Amérique, de San-Francisco à Valparaiso, ont doublé le cap
Horn, et que ces mêmes navires, si un canal maritime était
ouvert à travers l'isthme, aimeraient mieux payer un péage de
10 francs par tonneau maritime et des frais de pilotage, de
halage ou de remorquage de 2 à 3 fr. au plus, que d'allonger
leur route de 2,000 lieues et leur traversée de deux mois. Sans
doute, il y a des exceptions dans l'un et l'autre cas ; mais nous
ferons tout à l'heure une large part à ces exceptions. L'essentiel
pour le moment est de trouver une base qui nous permette
d'apprécier indirectement le mouvement du cap Horn, car, au
cap Horn même, il n'y a personne pour nous le dire, et d'en
tirer des conclusions mathématiques relativement aux sources
de revenu du canal.

Or, voici quelles sont les données de la statistique officielle
sur les principaux centres commerciaux du bord occidental de
l'Amérique, du nord au sud, en y comprenant les îles Sandwich,
qui n'en sont pour ainsi dire que les dépendances.

1° Les arrivages des bâtiments américains et étrangers dans
le port de San-Francisco, pendant trois années, de 1853 à 1855
(cabotage non compris), s'expriment par les chiffres suivants :

En 1853, il est entré 1,028 navires jaugeant 558,755 tonneaux (1).
En 1854,   —   620   —   406,114   —
Eu 1855,   —   824   —   417,086   —

Les sorties ne sont indiquées que pour 1855 et 1856,
soit :

Pour 1855,   1,021 navires jaugeant 441,787 tonneaux.
Pour 1856,   1,282   —   445,867   —

C'est donc, entrées et sorties, et surtout en tenant compte de
l'augmentation qui a dû se produire depuis 1856, une moyenne

(1) *Annales du commerce extérieur*, juin 1856, n° 904.
      Id.   id.   juillet 1857, n° 1015.

5

de 1,800 à 2,000 navires jaugeant un million de tonneaux, qui représente aujourd'hui le mouvement de la navigation de San-Francisco.

2° De la Californie à l'Amérique centrale, il y a loin, commercialement parlant; cependant, le port de *La Union*, dans la baie de Fonseca, et celui de *Puntarenas*, à l'est du golfe de Nicoya, ne doivent pas être dédaignés, surtout en vue de l'immense extension que la coupure de l'isthme leur imprimera du jour au lendemain. *La Union* est déjà le centre et l'entrepôt de toutes les exportations d'indigo, de cochenille, de peaux, de bois de teinture, de métaux précieux, etc., des deux républiques de San-Salvador et de Honduras, et un peu de celle de Guatemala, pour une valeur de trente à quarante millions. *Puntarenas* permet à Bordeaux, et surtout à l'Angleterre, d'enlever, par cent mille quintaux à la fois, les cafés de Costa-Rica, dont l'importance s'accroît d'un cinquième chaque année. Malheureusement, les détails précis nous manquent sur ces deux points, qui ont subi d'ailleurs le contre-coup des malheurs de leur pays. Nous savons seulement qu'en 1855, *Puntarenas* avait été visité par 85 navires de la contenance de 10,951 tonnes, et que le mouvement de ce port, entrés et sortis, pour cette année, a atteint 152 navires et 19,813 tonneaux, mouvement que nous n'enregistrons que pour mémoire, comme nous avons passé sous silence celui de Monterey dans la Californie, et de Mazatlan au Mexique.

3° Le chapitre de la Nouvelle-Grenade, où commence l'Amérique du sud, se compose, par exception, d'un port sur le Pacifique, Panama, et d'un port qui lui correspond sur l'Atlantique, Colon ou Aspinwal; car il est évident que tous les navires venant d'Europe ou des États-Unis qui s'arrêtent à Colon pour confier leurs voyageurs et leurs marchandises au. chemin de fer, les transporteraient eux-mêmes d'un océan dans l'autre si le passage était ouvert, ne fût-ce que pour ne pas leur faire payer 125 francs par personne, et de 100 à 300 francs la tonne pour les marchan-

dises. Or, cette navigation générale a occupé, en 1856, 736 navires jaugeant 549,180 tonneaux, ainsi répartis :

Port de Colon (Atlantique).............. 396 navires et 380,093 tonneaux.
Port de Panama (Pacifique).............. 340   id.   et 169,091   id.

C'est donc un demi-million de tonnes à ajouter au million de
la Californie.

4° Les ports de Guayaquil et de Manta, qui concentrent tout
le commerce extérieur de la république de l'Équateur, figurent
réunis, dans le résumé sommaire des *Annales* (août 1858,
n° 1,100) dont le détail suit :

1853. — 365 navires et 42,840 tonneaux.
1854. — 430   —   55,649   —
1855. — 310   —   38,347   —
1856. — 347   —   43,403   —

Ce qui représente à peu près 50,000 tonneaux par année.

5° Le principal élément de la prospérité du Pérou est le guano.
Or, l'importation de ce produit figure dans le relevé de 1855
pour 404,638 tonneaux qui tous, en vue de leur destination,
devaient doubler le cap Horn. Le seul fait de ce commerce spécial, sans tenir compte de celui des métaux précieux et du sal-
pêtre d'Iquique, suppose donc un mouvement, entrées et sorties,
de 800,000 tonneaux, qui tend à se développer encore; car la
France, dont l'importation du guano n'était que de 975 tonneaux
en 1847, en recevait 13,961 tonneaux en 1855, et plus de
14,000 tonneaux dans les six premiers mois de 1856 (1).

6° Quant au Chili, plus avancé en expérience commerciale
que son voisin du nord, il accuse, pour le seul port de Valparaiso, un total d'opérations, entrées et sorties, de 738,772 ton-

_____

(1) *Annales du commerce extérieur.* Novembre 1856. — N° 945.

neaux, et le commerce extérieur du pays entier avait occupé, en 1856, 5,170 navires dont le tonnage dépassait 1,500,000 tonneaux (1).

7° Enfin, le port de Honolulu, aux îles Sandwich, dont l'importance s'accroît d'année en année par suite du développement de la pêche de la baleine, était représenté, en 1855, par 640 navires jaugeant 227,895 tonneaux, et accusait sur 1854 une augmentation de 32,000 tonneaux (2).

En résumé, et en ne tenant compte que de faits constatés, qui ont déjà plusieurs années de date, et en passant sous silence un certain nombre de ports secondaires dont l'importance commence à peine à se révéler, l'ensemble du mouvement maritime de la côte occidentale de l'Amérique se traduit par les chiffres ronds qui suivent :

Pour la Californie et les îles Sandwich. 1,200,000 tonneaux.
Pour la Nouvelle-Grenade et l'Équateur.   600,000   —
Pour le Pérou et le Chili............   2,300,000   —

Total.......... 4,100,000 tonneaux.

En supposant maintenant que sur ces 4,100,000 tonneaux il faille en sacrifier 1,100,000 pour les doubles emplois, pour les non-valeurs, pour le cabotage du Chili et du Pérou, pour les bâtiments à destination de Valparaiso qui préféreront la route du cap Horn, il restera encore, pour base indiscutable des recettes du canal, un total de 3 millions de tonneaux dont le péage représentera, à 10 francs par tonneau, 30 millions de francs ; et en y ajoutant 100,000 voyageurs seulement à 60 francs, 36 millions de francs.

Mais, pour toutes les personnes au courant des progrès du commerce de la navigation, ce n'est là qu'un point de départ qui

---

(1) *Annales du commerce extérieur*. — Septembre 1858. — N° 1107.
(2) *Annales du commerce extérieur*. — Mars 1858. — N° 1072.

déjà aujourd'hui est largement dépassé. Le mouvement maritime de ces dernières années, et l'augmentation du matériel naval de toutes les nations, n'ont pas attendu la coupure des deux isthmes pour prendre un élan extraordinaire. Les 130,000 bâtiments et les 15 millions de tonneaux qui, d'après le lieutenant Maury, constituaient en 1854-55 l'effectif de toutes les marines du monde (1), s'accroissent, à chaque exercice, de près de 2 millions de tonneaux. La seule augmentation annuelle des États-Unis est de 400,000 tonnes, et leur intercourse, qui date à peine d'un demi-siècle, a donné, en 1856-57, un total de plus de 44,000 navires, tant entrés que sortis, d'un jaugeage effectif de plus de

---

(1) Voici la nomenclature de cet effectif, dressé par le lieutenant Maury, dans les *sailing directions* de 1855.

	VAISSEAUX	TONNAGE.
Angleterre...........................	36,000	5,100,000
États-Unis...........................	25,000	4,805,000
Russie...............................	800	240,000
Suède et Norwége	2,100	550,000
Danemark............................	4,000	200,000
Hollande............................	2,100	460,000
Belgique............................	150	36,000
Prusse..............................	2,000	370,000
Hambourg............................	2,400	220,000
Brême...............................	500	160,000
Portugal............................	800	90,000
Espagne.............................	8,000	380,000
Sardaigne...........................	4,200	130,000
États du pape.......................	4,000	120,000
Autriche............................	7.600	324,000
Brésil..............................	1,700	75,000
Chili...............................	200	25,000
Pérou...............................	250	30,000
France..............................	14,400	720,000
Toscane et Naples...................	8,000	270,000
Grèce...............................	4,000	265,000
Principautés allemandes.............	700	75,000
Iles Sandwich, etc..................	600	70,000
	129,500	14,800,000

14 millions de tonnes. Or, ce prodigieux mouvement a gagné toutes les nations, même les plus modestes. Les entrées et les sorties de nos ports français se sont mises à monter tout à coup d'un million de tonneaux par an; elles étaient de 4,587,000 tonneaux en 1854, et de 5,338,000 en 1855; elles ont atteint 6,376,000 tonneaux en 1856. La Russie même, où les intérêts matériels ont subi tant de retards, participe à cette prise de possession d'une ère nouvelle, et l'influence que son pavillon vient d'acquérir sur le fleuve Amour doit exalter encore son ambition maritime, qui sera du moins plus utile à la civilisation que son ambition politique.

Qu'on suppose maintenant les deux isthmes coupés dans quatre ans, quand l'effectif naval de tous les peuples aura atteint 25 millions de tonneaux, et que la navigation au long cours ne dessinera plus sur le globe que des arcs de grand cercle, n'est-il pas évident qu'il ne s'agira plus alors de 3 millions de tonneaux pour chaque Bosphore, mais d'une circulation à voiles et à vapeur pour ainsi dire sans limites? Lorsque le même navire qui emploie une année entière à se promener de Bordeaux au Pacifique, chargé de vins et de soieries, et à revenir à Bordeaux, lesté d'indigo ou de brésil, pourra obtenir le même résultat en trois ou quatre mois avec une diminution proportionnelle dans ses frais, ne s'empressera-t-il pas de faire deux opérations par an au lieu d'une, pour peu que les débouchés soient ouverts et que le fret de retour ne manque pas ?

Le fait seul d'ailleurs de la coupure de Panama doit changer les directions générales du long cours, de manière à supprimer les non-valeurs et à obtenir de chaque expédition tout ce qu'elle peut donner. La force gratuite des vents alisés est aujourd'hui perdue pour les navires australiens et pour la grande navigation de l'Angleterre, de la Hollande et de la Russie, avec les archipels polynésiens, la Chine orientale et le Japon. Une fois le canal ouvert, la loi providentielle des courants atmosphériques reprend ses droits ; la science nautique, si compliquée aujourd'hui, se simplifie ; le tour du monde d'orient en occident, sans quitter les grands parallèles, devient l'itinéraire normal du commerce, et ouvre à ses combinaisons tout l'échiquier des océans. Mais alors surgit pour les capitaux engagés une nouvelle source de recettes. C'est par une ligne mathématique que les exportations des ports d'Angleterre peuvent arriver à Sydney et à Melbourne en passant par le Nicaragua. C'est pour obéir aux mêmes convenances qu'ils prendraient la même voie pour se rendre directement à Schang-Haï, à travers des étapes de charbon faciles à organiser, sauf à revenir par les Indes et par la mer Rouge. Or, 300,000 tonneaux au moins se dirigent chaque année sur Sydney, et la navigation de Schang-Haï, hier inconnue, aujourd'hui place commerciale de premier ordre, n'attend qu'un état de choses régulier pour rivaliser avec Londres, Liverpool et New-York.

Ainsi, quelle que soit la timidité des prévisions à longue échéance, et en ne s'appuyant que sur des résultats acquis puisés dans des documents officiels, la recette brute du canal de Nicaragua, résultant du péage des navires et d'un mouvement très-limité de voyageurs, ne peut être évaluée, au moment de son ouverture dans quatre ans, à moins de 55 à 60 millions, par suite de l'augmentation constante d'un sixième dans le mouvement annuel de la navigation des grands États. On s'explique dès lors la fortune du chemin de fer de Panama, qui, malgré les dépenses exagérées de sa construction et les frais d'entretien énormes qu'il exige, n'en distribue pas moins 40 $°/_o$ à ses actionnaires. C'est le caractère de toutes ces entreprises d'ouvrir au concours des capitaux des avantages exceptionnels, et il n'y a que justice dans cette splendide rémunération ; car le service rendu au commerce, et, par conséquent, à la civilisation par l'ouverture d'un passage de ce genre, chemin de fer ou canal, ne se mesure à aucun autre. Ses conséquences sont littéralement incalculables.

En appréciant ainsi l'avenir du canal de Nicaragua, nous ne nous sommes occupé que de ses recettes régulières provenant seulement du transit maritime, et nous avons laissé de côté la vente ou l'exploitation de 100,000 hectares de terres situés sur les bords du fleuve ou du lac. Cette seconde éventualité mériterait cependant d'être prise en considération. Les terres dont il s'agit sont toutes éminemment propres à la culture du cacao, de l'indigo, du café, de la canne à sucre, du coton, du tabac et du nopal (cochenillier). Elles sont tellement riches en humus, qu'elles pourraient servir à l'amendement des meilleures terres de l'Europe, et leur situation le long d'un Bosphore, qui verra passer dans ses eaux jusqu'à 300 navires par jour, leur donne spontanément une valeur vénale qu'on peut sans exagération porter en moyenne à 500 francs l'hectare. Les terrains vagues de Greytown (San-Juan de Nicaragua) ont tous été vendus en 1849, avant que la Californie ne fut exploitée, jusqu'à 5,000 francs l'hectare. Il y a donc dans les 100,000 hectares de la Compagnie une réserve d'au moins 50 millions de francs facilement réalisable, et qui suffira amplement au service des intérêts du capital pendant la durée des travaux. Il ne faut pas oublier d'ailleurs que ces terrains, couverts aujourd'hui de forêts vierges et de bois de construction et d'ébénisterie, peuvent donner lieu à une exploitation qui a fait la fortune de Belize depuis 1771, et que le voisinage des régions aurifères promet à leurs possesseurs actifs et intelligents toutes les surprises comme toutes les magnificences des *Eldorados*.

Nous ne pousserons pas plus loin cet examen. Une dépense de 100 millions et un revenu *minimum* de 50 millions, voilà les deux termes de l'opération financière. Ce n'est pas beaucoup dans un pays comme l'Amérique intertropicale où les bénéfices moyens du commerce ne descendent jamais au-dessous de 100 p. %. C'est assez pour faire entrer la spéculation européenne dans une œuvre hardie, généreuse, grandiose à tous les points de vue, qui sera l'honneur des plus honorés et l'un des prodiges de notre siècle, et dont les conséquences immédiates pour la fusion des races humaines et le rayonnement du foyer civilisateur jusqu'aux régions les plus déshéritées, ont frappé les plus grands esprits et déterminé déjà tant d'efforts et de travaux.

VI.

CONCLUSION.

On se préoccupe peu, en général, dans le monde des affaires, de la grandeur morale d'une entreprise et du contrat qui la constitue. Il faut reconnaître cependant que de nos jours plusieurs créations d'ordre supérieur ont dû leur succès surtout à l'idée qu'ils représentaient. Sans rappeler l'opération, si belle au point de vue social et si contestable au point de vue financier, de la pose du câble atlantique, c'est surtout par le côté économique de son projet que M. de Lesseps a entraîné les masses et déterminé des adhésions si nombreuses et si éclatantes. Or, les considérations décisives qu'on a si souvent fait valoir en faveur du percement de l'isthme de Suez ne militent-elles pas en faveur de toute coupure qui rapprochera l'Orient de l'Occident, supprimera les transbordements et les tempêtes, et diminuera les frais de toute nature, assurances comprises, qui grèvent les voyages transocéaniques. Dieu nous garde de supposer la moindre rivalité entre deux entreprises issues de la même pensée, destinées à concourir au même but, et qui toutes les deux appartiennent à notre pays et à notre temps ! Ce que l'une fera pour le cap de Bonne-Espérance, l'autre veut le faire pour le cap Horn. Toutes les deux ont leur centre d'action et leurs courants spéciaux plus ou moins favorables à telles ou telles populations ; toutes les deux ont leur raison d'être irrésistible dans le sentiment qui nous porte à nous affranchir des distances pour multiplier les relations internatio-

nales, et à réunir tous les membres épars de la grande famille
humaine dans une même solidarité de commerce, de législation
et de progrès pacifique.

Le canal de Nicaragua sera donc ouvert à son heure, en dépit
de quelques égoïsmes jaloux, par cela seul qu'il profite à tout le
monde et qu'il ne peut faire ombrage à personne. Création d'utilité
publique au premier chef, il a droit à la protection active de tous
les gouvernements civilisés, et il ne peut être à la merci d'aucune
nationalité exclusive. Pour nos grandes cités échelonnées sur
l'Océan, comme pour celles de l'Espagne, du Portugal et de la
Hollande, c'est une nouvelle voie ouverte à leur besoin légitime
d'expansion commerciale. Pour l'Angleterre, c'est une ligne
droite tirée de Southampton ou de Liverpool à ses possessions
australiennes. Pour les Etats-Unis, c'est la réduction des quatre
cinquièmes de la distance qui sépare New-York de San-Francisco. Pour la Russie, c'est le seul passage libre qui puisse mettre
ses établissements asiatiques et américains sous la main de Saint-
Pétersbourg. Pour la navigation au long cours, c'est une diminution considérable de ses risques et de ses charges, et peut-être
une révolution prochaine dans le tonnage maritime et dans les
rapports de la voile et de la vapeur. Pour l'Europe enfin, dont
le génie ne se contente plus des horizons bornés, et dont le prosé-
lytisme fécond frappe si vigoureusement à toutes les portes de
l'Orient, c'est un rapprochement subit de 3,000 lieues du Japon,
de la Chine et de la Polynésie, juste au moment où tombent, avec
la vieille muraille chinoise, toutes les barrières si longtemps in-
franchissables qui nous dérobaient le secret de ces régions.

Que peuvent maintenant contre de pareils intérêts les manifestations plus ou moins menaçantes de la doctrine Monroë et l'hos-
tilité peu scrupuleuse de quelques spéculateurs de New-York ?
Légalement parlant, la Convention de Rivas échappe à tout contrôle comme à toute pression du gouvernement des Etats-Unis.
C'est une charte librement consentie par des pouvoirs indépen-

dants et souverains qui ne relèvent que d'eux-mêmes, et qui n'ont pas d'ordre à recevoir de Washington. A la rigueur donc, elle pourrait se passer d'intervention politique, et il n'est jamais entré dans la pensée de ses contractants d'en faire autre chose qu'une œuvre de paix, protégée par le code pénal de toutes les nations. Mais si des prétentions injurieuses pour l'indépendance de l'Amérique centrale venaient à se formuler par des actes, si les États-Unis étaient un jour assez mal inspirés pour recommencer diplomatiquement ou militairement les attentats du flibusterisme, ce n'est plus alors la Convention de Rivas qu'ils trouveraient devant eux, c'est l'Europe elle-même, c'est le traité Clayton-Bulwer, c'est le droit public qui fait respecter les faibles par les forts. L'Angleterre a déjà pris sous ce rapport une vigoureuse initiative en s'engageant par un traité récent à défendre la nationalité du Nicaragua le jour où elle sera menacée ; et il n'y a aucune présomption à affirmer que le gouvernement de l'Empereur continuera sur ce terrain l'alliance féconde d'où sont sorties déjà toutes les garanties de l'Europe. Si donc la question politique s'engage sérieusement, ce que nous ne désirons pas pour l'honneur des Etats-Unis, la Convention de Rivas n'aura pas à s'en préoccuper. La race hispano-américaine n'est pas une de ces tribus d'indiens sauvages dont on puisse faire table-rase sous prétexte de *destinée manifeste*. Elle possède une partie de l'Amérique en vertu d'un droit supérieur aux titres équivoques des Américains du Nord, le droit du premier occupant. Elle représente un élément social plus chrétien, plus sympathique et moralement plus civilisé que ses envahisseurs. L'Europe saura bien la défendre quand on l'attaquera, car l'Europe n'a jamais reconnu à la doctrine Monroë plus de valeur qu'elle n'en accordait, en 1854, au testament de Pierre le Grand et aux vues de la Russie sur Constantinople.

Que les ennemis de l'Amérique centrale en prennent donc leur parti. Elle vivra de sa vie propre, elle cicatrisera ses blessures, et elle n'aura pas combattu en vain pour sa sécurité et pour son

indépendance. Il y a douze ans qu'un auguste captif lui pré-
disait les plus merveilleuses destinées. Cette voix ne saurait
mentir. Les grands lacs de Nicaragua seront bientôt les docks
des deux mondes. Aucun autre moment ne pourrait être plus
opportun pour tenter ce suprême effort. Toutes les questions
internationales sont à l'ordre du jour; on ne recherche plus
ce qui divise, mais ce qui unit; on n'admet plus que les conquêtes
de la science et les triomphes du génie industriel. Or, si le traité
du canal se recommande à quelque titre à l'attention des gouvernements, c'est parce qu'il répond sans-arrière pensée à toutes ces
tendances. Dégagé de calculs et des théories exclusives, il a
voulu créer un nouveau terrain commun pour tous les intérêts
légitimes. Il a résumé en vingt-huit articles qui n'ont pas besoin de
commentaires toutes les données indiscutables de la science économique. Il contient en germe la solution pacifique de toutes les
difficultés américaines, l'extension au reste du monde des principes du droit public de l'Europe, l'utilisation au profit de tous
des plus belles régions du globe. Il apportera peut-être avec lui
la paix universelle, le jour où ses dispositions diplomatiques auront été loyalement comprises et appliquées.

DOCUMENTS

CONCERNANT

LE CANAL DE NICARAGUA.

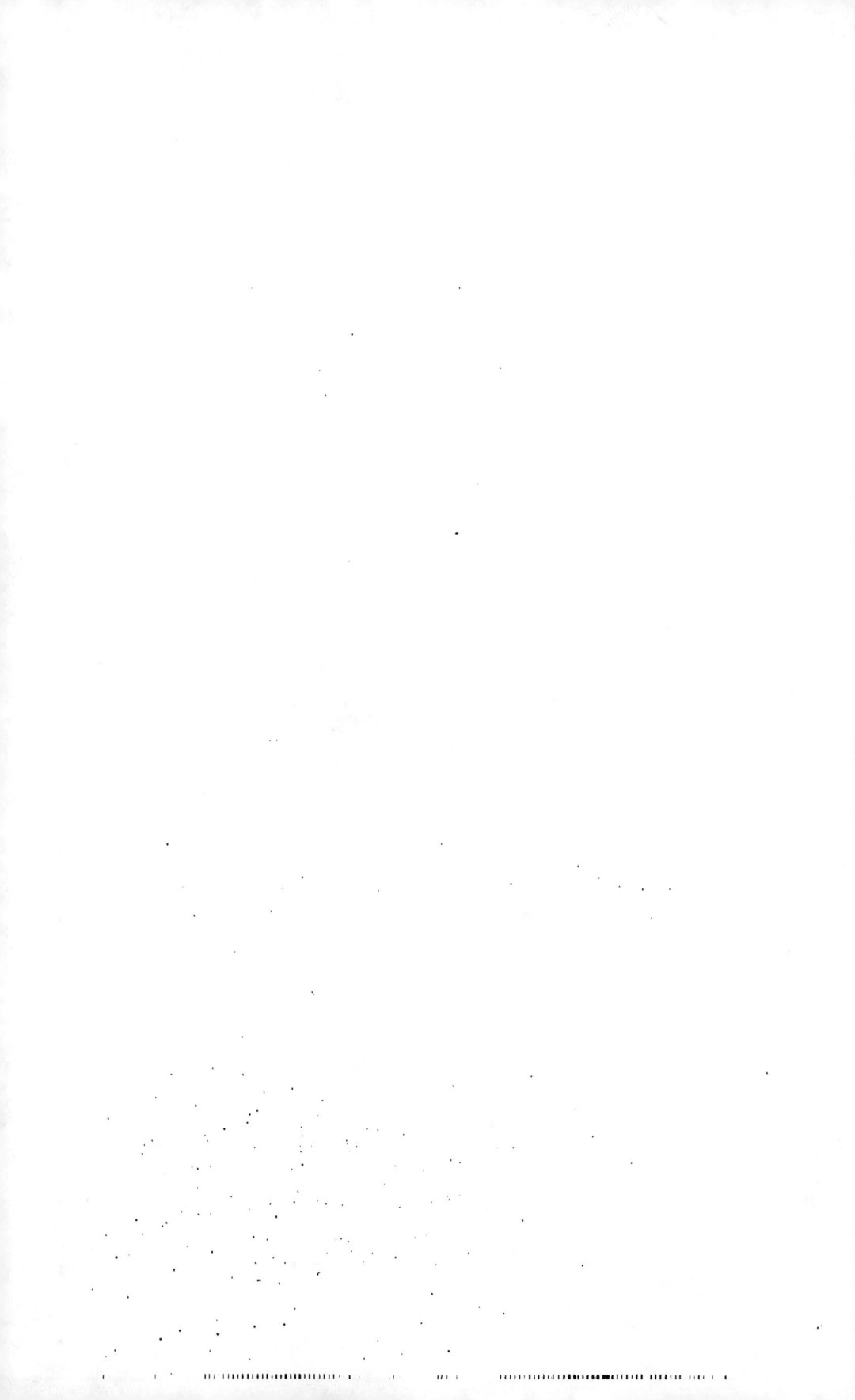

I.

LE CANAL DE NICARAGUA

ou

PROJET DE JONCTION DES OCÉANS ATLANTIQUE ET PACIFIQUE AU MOYEN D'UN CANAL

Par le prince NAPOLÉON-LOUIS BONAPARTE.

1846.

───────────

(Extrait de la *Revue Britannique*, année 1849 (1).)

───────────

INTRODUCTION.

Dans le courant de l'année 1842, plusieurs personnes considérables de l'Amérique centrale écrivirent au prisonnier de Ham, par l'intermédiaire d'un Français établi à la Jamaïque, pour l'engager à demander sa mise en liberté et à passer en Amérique, où, disaient-elles, le prince serait reçu avec enthousiasme et pourrait entreprendre des travaux dignes de son nom et de son esprit actif. Le prince Napoléon-Louis Bonaparte crut devoir, à cette époque, décliner cette invitation. Touché, néanmoins, de marques de sympathie venues de si

───────────────────────

(1) NOTE DU DIRECTEUR de la *Revue Britannique* (mai 1849). — Nous traduisons le titre anglais de la brochure qui fut imprimée en 1846, mais non publiée, et dont un des rares exemplaires nous a été transmis de Londres par un de nos correspondants. Son existence nous avait été révélée par un article du journal le *Times*, qu'il nous a paru utile de reproduire, nous abstenant nous-même de tout commentaire, soit sur l'ouvrage, soit sur l'illustre auteur qui préside aujourd'hui aux destinées de la France. Qu'il nous soit seulement permis de dire, qu'avant de nous emparer, par la traduction, de ce travail noble produit des loisirs d'un captif, nous avons dû, de peur de manquer aux convenances, nous assurer indirectement que nous pouvions le faire sans être désapprouvé. Ajoutons enfin, qu'il n'existe aucune autre traduction que la nôtre, le prince Napoléon-Louis Bonaparte ayant écrit son manuscrit dans la langue anglaise, qu'on sait lui être aussi familière que le français.

6

loin et qui traversaient les portes d'une prison pour lui arriver, il entretint une correspondance avec les personnes qui s'étaient ainsi adressées à lui.

Plus le corps est étroitement resserré, plus l'esprit est disposé à se lancer dans les espaces imaginaires et à agiter la possibilité d'exécution de projets auxquels une existence plus active ne lui aurait peut-être pas laissé le loisir de songer : c'est ainsi que le prince, ayant reçu la visite d'un officier de la marine française sur le point de partir pour l'Amérique centrale, l'engagea à faire des observations sur la possibilité de creuser un canal navigable pour les vaisseaux, qui reliât l'océan Atlantique à l'océan Pacifique, par les lacs de Nicaragua et de Leon. Par une coïncidence assez singulière, à peu près à la même époque où le prince Napoléon faisait faire des études préliminaires sur le tracé le plus avantageux à adopter pour un canal maritime, le gouvernement français envoyait un ingénieur (M. Garella), pour lever les plans et préparer les devis d'une coupure projetée à travers l'isthme de Panama.

En 1844, les États de Guatemala, de San-Salvador et de Honduras, envoyèrent M. Castellon, en qualité de ministre plénipotentiaire, auprès de Louis-Philippe, avec mission de réclamer pour ces États la protection du gouvernement français et d'offrir, en retour, de grands avantages commerciaux à la France. Le gouvernement français n'accueillit pas les ouvertures de M. Castellon, qui sollicita alors la permission de visiter le prisonnier de Ham. Cette demande ayant été accordée, M. Castellon eut avec le prince une entrevue, dans le cours de laquelle il s'étendit longuement sur l'importance et la possibilité d'une jonction des deux Océans, et pressa vivement le prince de se rendre dans l'Amérique centrale pour se mettre à la tête de cette entreprise gigantesque : ses instances étant demeurées sans résultat, il conclut plus tard un traité avec une compagnie belge.

Quelques mois s'étaient écoulés, lorsque le bruit d'une amnistie prochaine commença à circuler. Le prince, craignant qu'il ne lui fût pas permis d'aller voir son père à Florence, reporta ses pensées vers l'Amérique et repassa dans son esprit le grand projet qui lui avait été récemment soumis, et dont l'exécution était de nature à faire tant d'honneur à son nom.

M. Castellon avait pu reconnaître, pendant son séjour à Ham, que le prince était parfaitement au courant de tout ce qui se rattachait au projet en question, et comprenait toute l'importance que les contrées de l'Amérique centrale ne pouvaient manquer d'acquérir dans un avenir peu éloigné : il l'avait donc prié de rédiger par écrit ses idées à ce sujet. Pour répondre au désir de M. Castellon, le prince lui adressa en Amérique certaines notes, qui comprenaient plusieurs des considérations qu'on trouvera développées dans sa brochure ; il l'informait en même temps que, s'il était rendu à la liberté, son intention bien arrêtée était de passer en Amérique et de se mettre à la tête de cette entreprise. Le père du prince n'avait encore, à cette époque, fait aucune démarche pour obtenir la mise en liberté de son fils. Sa santé n'avait pas encore été altérée comme elle le fut depuis, et l'on ne pouvait, d'ailleurs, prévoir la difficulté que le gouvernement français opposa plus tard à la mise en liberté du prince.

M. Castellon, ayant reçu la communication à laquelle il a été fait allusion plus haut, la fit traduire en espagnol, et à peine eut-elle reçu la publicité nécessaire, qu'un grand nombre des plus notables habitants du pays adressèrent à leur gouvernement une pétition tendant à ce que l'exécution du canal projeté fût confiée exclusivement au prince Napoléon-Louis Bonaparte. En conséquence, le 6 décembre 1845, M. Castellon écrivait au prince la lettre suivante :

Leon de Nicaragua, 6 décembre 1845.

« Prince,

« J'ai reçu avec le plus vif plaisir la lettre de Votre Altesse, en date du 12 août, qui
« m'apporte l'expression des sentiments d'amitié et d'estime dont je me sens si fort ho-
« noré. Vous y joignez le développement de vos idées relatives au canal de Nicaragua, di-
« rigées dans le sens qui me paraît le mieux calculé pour la prospérité de l'Amérique cen-
« trale. Vous m'annoncez en même temps que vous êtes beaucoup plus disposé maintenant
« à vous rendre dans ce pays pour y activer, par votre présence et votre concours, l'exé-
« cution de cette grande œuvre, qui suffirait à l'ambition la plus noble, et que vous êtes
« prêt à en accepter la direction, sans autre vue que d'accomplir une tâche digne du
« grand nom que vous portez. Avant d'aborder ce sujet, qui intéresse à un si haut point
« ma patrie, je demande à Votre Altesse la permission de lui dire, en retour des termes
« flatteurs dont elle se sert vis-à-vis de mon peu de mérite, que rien ne prouve mieux la
« magnanime et bienveillante disposition de votre cœur.

« Lorsque je vins en France, en qualité de ministre plénipotentiaire, j'étais fort dési-
« reux, avant mon départ d'Europe, de vous faire une visite à Ham. J'aspirais à l'hon-
« neur de vous voir, non pas seulement à cause de la popularité qui entoure votre nom
« dans le monde, mais aussi parce que j'avais pu juger par moi-même, dans votre pays
« natal, de la haute estime qui s'attache à votre caractère et de la sympathie qu'inspirent
« vos malheurs.

« J'admirai, prince, votre résignation et votre amour pour cette France où vous vivez
« emprisonné ; mais j'eus une secrète joie en voyant votre esprit s'exalter à la peinture de

« l'immense travail dont mon pays se préoccupe, et qui pourrait si vivement agir sur les
« progrès de la civilisation.

« Les dispositions que vous m'annnoncez, et les notes qui sont jointes à votre lettre,
« ont excité ici le plus réel enthousiasme, auquel se mêle une profonde gratitude.

« Je suis heureux de faire savoir à Votre Altesse que le gouvernement de cet Etat,
« pleinement convaincu que le vrai moyen de réaliser le capital nécessaire à cette entre-
« prise est de la placer sous le patronage d'un nom indépendant, comme le vôtre, par la
« fortune et la position, et qui, en attirant la confiance des deux mondes, éloigne ici
« toute crainte de domination étrangère; que ce gouvernement, dis-je, s'arrête à Votre
« Altesse comme à la seule personne qui puisse remplir ces diverses conditions. Elevé
« dans une République, Votre Altesse a montré par sa noble conduite en Suisse, en
« 1838, à quel point un peuple libre peut compter sur votre abnégation, et nous sommes
« assurés que si votre oncle, le grand Napoléon, s'est rendu immortel par ses victoires,
« Votre Altesse peut acquérir parmi nous une gloire égale par les travaux de la paix, qui
« ne font couler que des larmes de reconnaissance.

« Du jour où vous poserez le pied sur notre sol, une ère nouvelle de prospérité com-
« mencera pour ses habitants.

« Ce que nous demandons à Votre Altesse la permission de lui proposer n'est pas in-
« digne de sa sollicitude ; car, dès avant 1830, le roi Guillaume de Hollande avait accepté
« quelque chose de semblable. Si nous ne vous remettons pas immédiatement les pou-
« voirs nécessaires à l'ouverture de ces grands travaux, cela tient à l'absence actuelle des
« Chambres législatives, dont l'intervention est obligatoire pour l'examen d'un traité signé
« par moi, l'année dernière, avec M. le comte de Hompesch, président de la compagnie
« belge de colonisation. Ce traité n'ayant pas été aussi favorablement accueilli que j'avais
« lieu de le croire, il est plus que probable que le gouvernement sera autorisé à s'adres-
« ser à vous, et pourra ainsi satisfaire le vœu national. Il paraît résolu à m'envoyer près
« de vous avec les instructions nécessaires pour nous mettre à même l'un et l'autre de
« nous entendre à ce sujet.

« Une autre cause de retards est la récente commotion populaire de ce pays. Mais,
« comme le nombre des mécontents est minime, et que le gouvernement a l'appui de
« l'opinion publique, je pense que cette révolution touche à son terme, et que le calme
« prochain permettra de donner à notre grande entreprise l'impulsion la plus prompte.
« Le gouvernement est convaincu que la construction du canal, en donnant de l'ouvrage
« à tous les bras inoccupés, sera un nouveau moyen de pacification et de bien-être pour
« ce peuple, depuis si longtemps fatigué des horreurs de la guerre civile.

« Autant par impatience de voir le début d'une œuvre à laquelle je veux employer toutes
« mes facultés, que par désir de voir Votre Altesse régler les destinées de ma patrie,
« j'aspire à l'honneur de vous revoir à Ham, ne fût-ce que quelques heures, en conser-
« vant l'espoir d'assister à votre délivrance, pour laquelle je ne cesse d'adresser à Dieu de
« ferventes prières.

« Je prie Votre Altesse d'agréer, etc. (1)

« FRANC. CASTELLON. »

---

(1) On retrouvera cette lettre et l'histoire de la négociation de M. F. Castellon dans
l'ouvrage qu'a publié à Londres M. Brifaut, sous ce titre : *The prisoner of Ham.* C'est un
volume que l'auteur doit à ses compatriotes de traduire lui-même dans sa langue natale.

Quelques mois plus tard, le prince recevait à Ham une lettre de M. de Montenegro, ministre des affaires étrangères, qui lui conférait officiellement tous les pouvoirs nécessaires pour organiser une compagnie en Europe, et l'informait en outre que, par une décision du 8 janvier 1846, le gouvernement de Nicaragua avait résolu de donner à ce grand ouvrage d'art, destiné à ouvrir une nouvelle route au commerce du monde, le nom de *Canale Napoleone de Nicaragua*. Par suite de cette décision, M. de Marcoleta, chargé d'affaires de Nicaragua en Belgique et en Hollande, se rendit à Ham, conformément aux instructions qu'il avait reçues, afin d'y signer avec le prince un traité qui donnait à ce dernier plein pouvoir pour réaliser l'objet en vue.

Pendant le cours de cette négociation, des démarches actives, mais infructueuses, se poursuivaient à Paris pour la délivrance du prince, qui, résolu, avant d'employer la dernière ressource, d'épuiser tous les moyens compatibles avec l'honneur qui pouvaient lui ouvrir les portes de sa prison, et satisfaire en même temps ses affections filiales en lui permettant d'aller à Florence rendre visite à son père âgé et infirme, informa le gouvernement français des propositions qu'il avait reçues d'Amérique, s'engageant, dans le cas où on lui laisserait la faculté de passer quelques mois en Toscane, à se rendre ensuite directement en Amérique pour l'objet en question.

Aucune espèce de réponse n'ayant été faite à cette demande, le prince se décida dès lors à mettre fin lui-même à sa captivité, si l'occasion s'en présentait.

Il y a maintenant (1846) deux mois que le prince est en Angleterre, attendant de jour en jour la permission de se rendre en Toscane; mais une politique insensée a toujours mis obstacle à ce qu'il reçût la bénédiction de son vieux père, qui est mort à Florence le 25 juillet dernier, sans avoir pu presser encore une fois son fils dans ses bras. Aujourd'hui que le prince se trouve dans l'exil, il est plus éloigné que jamais de renoncer à l'idée d'une entreprise qui a été l'objet d'instances si pressantes auprès de lui, et, afin de répondre à la confiance que lui a témoignée le gouvernement de Nicaragua, dans le temps même de sa captivité, il a résolu de profiter de son séjour en Angleterre pour obtenir et assurer, autant qu'il dépendra de lui, le concours de tous les esprits intelligents et élevés à cette même entreprise, qui ne saurait manquer d'avoir les résultats les plus heureux pour le commerce de toutes les nations.

**I. — IMPORTANCE DE LA POSITION GÉOGRAPHIQUE DE L'ÉTAT DE
NICARAGUA, ET TRACÉ GÉNÉRAL DU CANAL.**

La jonction des océans Atlantique et Pacifique, au moyen d'un canal
traversant le centre du nouveau monde, est une question dont l'importance ne saurait être mise en doute : cette jonction des deux
Océans aura pour effet de raccourcir de trois milles la distance qui
sépare l'Europe de tout le littoral occidental de l'Amérique, ainsi que
de l'Océanie; de rendre les communications avec la Chine, le Japon,
la Nouvelle-Zélande et la Nouvelle-Hollande, rapides et faciles, par la
vapeur; d'élever immédiatement à un degré prodigieux de prospérité
les contrées qu'une pareille entreprise fera traverser chaque année
par deux à trois mille navires marchands; d'ouvrir de nouvelles voies
au commerce et de nouveaux débouchés aux produits européens; de
hâter, en un mot, de plusieurs siècles, les progrès du christianisme et
de la civilisation du globe.

L'entreprise en question se présente donc sous un aspect également
favorable aux intérêts de l'humanité en général et à ceux de l'Amérique en particulier. Ce point admis, il reste à examiner dans quelles
conditions un canal de grande navigation peut contribuer le plus effi-
cacement au développement du commerce européen et à la prospérité
de l'Amérique centrale. Si nous prouvons qu'il n'existe qu'un seul
tracé qui satisfasse à la fois à ce double intérêt, que ce tracé est celui
qui présente le moins de difficultés et qui exige le moins de dépenses,
nous aurons singulièrement simplifié le problème.

On peut considérer l'Amérique centrale comme un grand isthme qui
sépare l'océan Atlantique de l'océan Pacifique, et qui s'étend de
l'isthme de Tehuantepec au golfe de Darien. Elle possède environ
douze cents milles de côtes; sa superficie est de 26,650 lieues carrées,
c'est-à-dire presque égale à celle de la France ; sa population, de trois
millions d'habitants. Les naturels descendent des anciens Espagnols
et Ladinos, ainsi que des Indiens aborigènes, et l'esclavage n'existe
pas chez eux. Le nord de l'Amérique centrale appartient au Mexique,
le sud à la Nouvelle-Grenade; la région intermédiaire forme la république de Guatemala, qui, en 1823, se constitua sous une forme fédérale, composée de cinq États, — Costa-Rica, Guatemala, Honduras,
Nicaragua et San-Salvador. Ces États sont aujourd'hui indépendants
les uns des autres; mais, dans leurs relations diplomatiques, Hondu-

ras, San-Salvador et Nicaragua agissent de concert. Suivant Thompson
et Montgomery, de vastes étendues de territoire, avantageusement situées, jouissant d'un climat admirable et d'une merveilleuse fertilité,
sont encore inhabitées et entièrement incultes. On y trouve aussi
d'immenses forêts, dont l'exploitation procurera d'immenses bénéfices
à ceux qui voudront l'entreprendre. Telle est la richesse du sol,
qu'on peut y faire, chaque année, trois récoltes de céréales, notamment de maïs, qui rend de cent à cinq cents pour un. Toutes les productions des climats chauds et tempérés y prospèrent. La température
y est aussi variée que l'aspect du pays. Les côtes et les terres basses
qui avoisinent la mer sont exposées aux chaleurs tropicales, tandis que
sur les plateaux et dans l'intérieur règne un printemps perpétuel. Les
fruits, comme tous les autres produits de la terre, s'y succèdent sans
interruption. Dans les plaines et les vallées, le sol est formé de matières alluviales jusqu'à une profondeur de cinq à six pieds; il est assez
riche pour servir d'engrais aux terrains moins fertiles.

C'est dans cette partie du continent américain que cinq points ont
été signalés comme propres à l'ouverture d'une communication entre
les deux mers. Le premier, au nord de l'Amérique centrale, sur le territoire mexicain, à travers l'isthme de Tehuantepec; le second, à travers l'isthme de Nicaragua; le troisième, à travers l'isthme de Panama;
et enfin, deux autres à travers le golfe de Darien.

De ces cinq passages, celui qui coupe l'isthme de Tehuantepec présente, d'après les reconnaissances du général Orbregoso, des difficultés presque insurmontables. Suivant M. Moro, ces difficultés pourraient
être vaincues, mais au prix d'énormes sacrifices; car, bien que son
devis ne s'élève qu'à 3,334,009 £, on arrive, en lui appliquant les
bases d'évaluation adoptées par M. Garella, l'ingénieur chargé par le
gouvernement français d'étudier le passage par l'isthme de Panama, à
un chiffre de près de 8,000,000 £ (1). De plus, ce canal aurait l'immense inconvénient de déboucher dans le golfe du Mexique, dangereux
pour la navigation, et aussi d'allonger de quelques centaines de milles

---

(1) 1º — Terrassements, 90 kilomètres, à 500,000 francs.... 45,000,000 francs.

    2º — 150 écluses, à 600,000 francs chaque............. 90,000.000

    3º — Creusement de marais........................... 11,200,000

    4º — Canalisation du Guazacoalco................... 34,500,000

    5º — Fossés, 30 kilomètres, à 25,000 francs............ 750,000

                                                      181,450,000 francs.

la route pour l'Amérique du sud : les ports situés à ses deux extrémités ne seraient d'ailleurs pas aussi bons que ceux de la ligne qui
traverse le Nicaragua, et le pays lui-même n'offre pas, à beaucoup
près, les mêmes avantages pour la colonisation, ni les mêmes éléments
de prospérité. Quant aux deux coupures proposées dans le golfe de
Darien, les opinions recueillies par M. Michel Chevalier leur sont tout
à fait défavorables.

Il ne reste donc que deux projets susceptibles d'être pris en sérieuse
considération, — la coupure par l'isthme de Panama, et celle par la
rivière San-Juan et les lacs de l'Etat de Nicaragua. Or, nous mainte-
nons que, dans le cas même où tous les projets ci-dessus mentionnés
seraient exécutables, ce dernier est le seul qui devrait être adopté,
parce qu'il est le seul qui satisfasse aux véritables intérêts de l'Amérique centrale et du monde en général. Quelques observations préliminaires expliqueront notre pensée.

Il y a certains pays qui, par leur position géographique, sont destinés à l'avenir le plus prospère ; richesse, puissance, tous les avantages nationaux y affluent, pourvu que, là où la nature a tout fait pour
l'homme, l'homme ne néglige pas de tirer parti des ressources qu'elle
a mises à sa disposition.

Les pays placés dans les dispositions les plus favorables sont ceux
qui, situés sur la grande route du commerce, lui offrent les ports et
les havres les plus sûrs, ainsi que les moyens d'échange les plus avantageux. Ces pays, trouvant des ressources illimitées dans leurs rapports
avec le commerce étranger, peuvent tirer parti de la fertilité de leur
propre sol, et ainsi se créer peu à peu un commerce intérieur, qui reçoit l'impulsion et suit le mouvement du progrès du mouvement général. Voilà comment Tyr, Carthage, Constantinople, Venise, Gênes,
Amsterdam, Liverpool et Londres ont atteint un si haut degré de prospérité, s'élevant, de misérables bourgades qu'elles étaient, au rang de
grandes et riches cités commerçantes, et offrant aux nations étonnées
le spectacle d'États puissants, sortis tout à coup de lagunes ou de
marécages insalubres. Venise, en particulier, dut sa grandeur merveilleuse à sa position géographique, qui en fit, pendant des siècles, l'entrepôt du commerce de l'Europe avec le Levant. Ce fut seulement après
que la découverte du cap de Bonne-Espérance eut ouvert aux naviga-
teurs une route nouvelle vers l'Orient, que la prospérité de Venise
commença à décroître. Cependant, telle était son opulence, et, par
suite, son influence commerciale, qu'elle put lutter pendant trois siècles

contre la formidable concurrence que lui suscitait cette découverte.

Il existe une autre cité, fameuse dans l'histoire, quoique aujourd'hui déchue de son antique splendeur, et dont l'admirable position est un objet de jalousie pour toutes les grandes puissances de l'Europe, qui s'accordent pour y maintenir un gouvernement à demi barbare, incapable du moins de tirer parti des avantages que lui a prodigués la nature. La position géographique de Constantinople en a fait la reine de l'ancien monde : occupant le point central entre l'Europe, l'Asie et l'Afrique, elle pourrait devenir l'entrepôt du commerce de toutes ces contrées, et acquérir sur elles une immense prépondérance. Assise entre deux mers, qui sont comme deux grands lacs dont elle commande l'entrée, elle pourrait y renfermer, à l'abri des attaques de toutes les autres nations, les flottes les plus formidables, à l'aide desquelles elle assurerait sa domination dans la Méditerranée comme dans la mer Noire ; maîtresse à la fois des bouches du Danube, qui lui ouvriraient la route de l'Allemagne, et des sources de l'Euphrate, qui lui ouvriraient la route des Indes, elle dicterait alors des lois au commerce de la Grèce, de la France, de l'Italie, de l'Espagne et de l'Egypte ; — voilà ce que pourrait être l'orgueilleuse cité de Constantin, et voilà ce qu'elle n'est pas, parce que, comme le dit Montesquieu : « Dieu a permis qu'il y ait dans le monde des Turcs, les hommes du monde les plus propres à posséder inutilement un grand empire. »

Il existe, dans le nouveau monde, un pays aussi admirablement situé que Constantinople, et nous devons ajouter, jusqu'à ce jour aussi inutilement occupé : c'est l'État de Nicaragua.

De même que Constantinople est le centre de l'ancien monde, de même la ville de Leon, ou plutôt Massaya, est le centre du nouveau ; et si une coupure était pratiquée à travers la langue de terre qui sépare ses deux lacs de l'océan Pacifique, elle commanderait, par sa position centrale, toutes les côtes de l'Amérique du nord et de l'Amérique du sud. Comme Constantinople, Massaya est placée entre deux grands havres naturels, où les plus grandes flottes seraient en sûreté et à l'abri de toute attaque. Mieux encore que Constantinople, l'État de Nicaragua peut devenir la route obligée du grand commerce du monde, car il serait, pour les États-Unis, la route la plus courte vers la Chine et les Indes orientales, et pour l'Angleterre et le reste de l'Europe, vers la Nouvelle-Hollande, la Polynésie et toute la côte occidentale de l'Amérique. L'État de Nicaragua paraît donc destiné à un

degré extraordinaire de prospérité et de grandeur : ce qui rend, en
effet, sa position politique plus avantageuse que celle de Constantinople, c'est que les grandes puissances maritimes de l'Europe le ver-
raient avec plaisir, et non pas avec jalousie, prendre dans l'échelle des
nations un rang non moins favorable à ses intérêts particuliers qu'au
commerce du monde.

La France, l'Angleterre, la Hollande, la Russie et les Etats-Unis ont
un grand intérêt commercial à l'établissement d'une communication
entre les deux Océans ; mais l'Angleterre a, de plus que les autres
puissances, un intérêt politique à l'exécution de ce projet. L'Angleterre ne peut que se réjouir de voir l'Amérique centrale devenir un
Etat florissant et considérable, qui rétablira l'équilibre du pouvoir en
créant dans l'Amérique espagnole un nouveau centre d'activité industrielle assez puissant pour faire naître un grand sentiment de nationalité et pour empêcher, en soutenant le Mexique, de nouveaux em-
piétements du côté du nord. L'Angleterre verra avec satisfaction
l'ouverture d'une route qui lui permettra de communiquer plus rapidement avec l'Orégon, la Chine et ses possessions de la Nouvelle-Hollande ; elle trouvera, enfin, que les progrès de l'Amérique centrale
auront pour effet de relever le commerce languissant de la Jamaïque
et des autres Antilles anglaises, et d'arrêter ainsi leur décadence. C'est
une heureuse coïncidence, que la prospérité politique et commerciale
de l'Etat de Nicaragua se rattache intimement aux intérêts politiques
de la nation qui est en possession de la prépondérance maritime.

Faire voir l'immense importance qu'acquerrait l'Etat de Nicaragua,
si la jonction des deux mers avait lieu à travers son territoire, c'est
résoudre tout d'abord la question de sa nécessité ; mais ce que nous
avons à examiner en ce moment, c'est si cette ligne satisferait, mieux
que celle de Panama, à toutes les conditions nécessaires pour réaliser
les avantages que l'Europe et l'Amérique sont en droit d'attendre d'une
entreprise de cette nature.

Le canal proposé ne doit pas être une simple coupure, destinée
uniquement à faire passer d'une mer à l'autre les produits européens ;
il faut, surtout, qu'il fasse de l'Amérique centrale un Etat maritime,
prospère par l'échange de ses produits intérieurs, et puissant par
l'étendue de son commerce. Dans ce but, il convient d'adopter un
tracé qui présente dans son cours, et notamment à ses extrémités, les
meilleurs mouillages, et qui soit en communication avec le plus grand
nombre de rivières.

Si l'on pouvait faire traverser ce territoire de l'Amérique centrale par un canal qui partirait de San-Juan de Nicaragua, sur la mer des Antilles, pour aboutir à Realejo, sur l'océan Pacifique, ce canal remplirait complétement les conditions voulues, car Realejo est un bon port, et San-Juan offre une bonne rade, abritée contre les vents du nord-est, les seuls qui soufflent avec violence sur cette côte. On ne trouve, d'un autre côté, ni à Panama, ni à Chagres, ni sur aucun autre point de ce littoral, de mouillage comparable à celui-là.

Mais il ne suffit pas que ce canal ait deux bons ports à ses extrémités : il faut encore qu'il possède, le long de son cours, une suite de bassins naturels, servant de *docks*, où un grand nombre de vaisseaux puissent charger et décharger leurs cargaisons avec promptitude et sûreté.

A Londres, à Liverpool, à Venise, à Cherbourg, au Havre, à Anvers, les différents gouvernements de l'Europe ont, pendant les cinq derniers siècles, dépensé des centaines de millions pour créer des bassins artificiels, de quelques centaines de mètres de superficie, tandis qu'il existe, à Leon et à Grenade, deux bassins naturels qui présentent, sur une vaste échelle, sans frais ni travail, ce que nous n'avons obtenu en Europe, sur une petite échelle, qu'avec des peines infinies et au prix d'énormes sacrifices pécuniaires. C'est en vain que nous chercherions, à Panama ou sur aucun des autres points indiqués plus haut, un tracé aussi avantageux à tous égards.

Si l'on veut que le canal devienne le principal élément des progrès de l'Amérique centrale, il faut qu'il traverse, non pas la partie la plus étroite de la langue de terre, mais la partie du pays la plus peuplée, la plus saine, la plus fertile, arrosée par le plus grand nombre de rivières, afin que son activité puisse se communiquer aux points les plus éloignés de l'intérieur. Or, un canal allant de San-Juan à Realejo profiterait de la rivière San-Juan, qui reçoit beaucoup de petits affluents, dont trois notamment sont navigables pour des bateaux jusqu'à une distance considérable dans l'intérieur des terres. De l'embouchure de cette rivière jusqu'à l'océan Pacifique, le canal parcourrait en droite ligne environ 278 milles, répandant par ses deux rives la prospérité sur plus de mille milles de territoire, eu égard aux sinuosités des lacs et au cours des rivières intérieures. Que l'on songe aux effets presque miraculeux que produirait le passage annuel à travers ce beau pays, de deux à trois mille bâtiments qui échangeraient les produits étran-

gers contre ceux de l'Amérique centrale, et feraient circuler partout
la vie et la richesse! On peut se figurer ces rives, aujourd'hui soli-
taires, peuplées de villes et de villages ; ces lacs, aujourd'hui mornes
et silencieux, sillonnés de navires ; ces terres incultes, fertilisées ; ces
forêts et ces mines, exploitées, et les rivières qui se jettent dans les
lacs et dans le San-Juan portant au cœur du pays tous les bienfaits de
la civilisation.

A Panama, au contraire, un canal de ce genre ne traverserait qu'un
pays marécageux, malsain, inhabité et inhabitable, n'offrant qu'un
trajet de 30 milles, au milieu d'eaux stagnantes et de rochers arides,
où l'on ne trouve pas un point propre à un grand établissement commercial, à l'abritage des flottes, au développement et à l'échange des
produits du sol.

Ainsi, un canal par les lacs offrirait, sous tous les rapports, des
avantages qu'on ne rencontre nulle part ailleurs ; mais ce qu'il importe surtout de remarquer, c'est que la Providence paraît avoir indiqué cette coupure du Nicaragua comme présentant les difficultés
d'exécution les moins formidables.

Il résulte, en effet, des plans dressés par M. Garella, qu'un canal à
travers l'isthme de Panama présente des difficultés insurmontables.
La longueur de ce canal, tel qu'il est proposé, ne serait, il est vrai,
que d'environ trente milles (48 kilomètres) et la plus grande élévation
à atteindre, de 54 mètres seulement (1) ; mais la principale difficulté
dans l'établissement des canaux en général consiste dans l'alimentation du bief de partage. Or, comme il paraît que c'est aussi à Panama
le grand obstacle, l'audacieux ingénieur propose de percer un souterrain monstre, qui coûterait deux millions sterling (50,000,000 de
francs) et offrirait les plus graves inconvénients pour le passage des
grands navires.

Nous allons faire voir qu'un canal qui traverserait les lacs serait
moins dispendieux, quoique beaucoup plus long. Pour cela, il est
nécessaire de faire connaître le pays dont il s'agit.

II. — DESCRIPTION DES LIEUX PAR LESQUELS DOIT PASSER LE CANAL
DE NICARAGUA. — LONGUEUR DE SON PARCOURS.

Le canal proposé entre les océans Atlantique et Pacifique, partant
du port de San-Juan et aboutissant au port de Realejo, traverserait,

_____

(1) *Projet d'un canal de jonction à travers l'isthme de Panama*, par M. Garella,
Paris, 1845.

1° la rivière San-Juan, qui, avec ses sinuosités, a, suivant M. Baily, quatre-vingt-milles anglais, et cent quarante d'après le journal de M. Lawrance, aide-ingénieur à bord du navire le *Thunder*, chargé en 1840 d'une mission d'exploration ; 2° le lac de Nicaragua, qui a quatre-vingt-dix milles géographiques de longueur ; 3° la rivière de Tipitapa, qui unit le lac de Nicaragua à celui de Leon, vingt milles ; 4° le lac de Leon ou de Managua, dont la longueur est de trente-cinq milles ; 5° enfin l'isthme qui sépare le lac de Leon du port de Realejo, vingt-neuf milles.

RÉCAPITULATION.

Rivière San-Juan......................................	104 milles.
Lac de Nicaragua....................................	90 id.
Rivière Tipitapa....................................	20 id.
Lac Leon..	35 id.
Isthme entre le lac Leon et l'océan Pacifique.......	29 id.
Longueur totale de la communication entre les deux mers..	278 id. (457 kil.)

Mais hâtons-nous de dire que, sur tout ce parcours, il n'y a de travaux à exécuter que sur une étendue de quatre-vingt-deux milles (131 kilomètres.)

Hauteur au-dessus du niveau de l'Océan.

D'après les plans levés en 1837-38, par M. Baily, ingénieur anglais, le lac de Nicaragua est à 39 m. 10 c. au-dessus du niveau de l'océan Pacifique, à marée basse et à la pleine lune.

Le lac Leon est à 8 m. 80 c. au-dessus du niveau du lac de Nicaragua.

Enfin, le point culminant de l'isthme qui sépare le lac de Leon de Realejo est à 16 m. 85 c. au-dessus du niveau du lac.

Hauteur totale du niveau supérieur, 64 m. 65 c.

La différence de niveau entre la marée haute dans l'océan Pacifique et la marée basse dans l'Atlantique étant, d'après M. Garella, de 5 m. 90 c., il est nécessaire d'ajouter ce chiffre au total ci-dessus, afin de savoir combien le niveau supérieur du canal excédera celui de l'océan Atlantique. Quelques personnes, peu familiarisées avec les constructions hydrauliques, ont pensé que cette différence de niveaux était un obstacle à l'achèvement du canal ; mais cette opinion est dé-

nuée de fondement : les différences de niveaux sont des questions
d'écluses, et pas autre chose. Dans le cas actuel, il faut considérer les
lacs comme deux grands réservoirs placés au-dessus du niveau des
deux mers, dans lesquelles on les fait déverser leurs eaux par des
moyens artificiels. Si le niveau de l'une de ces mers est supérieur au
niveau de l'autre, il en résultera simplement que la descente des eaux
dans la plus élevée de ces deux mers sera moins rapide et exigera un
moins grand nombre d'écluses que la descente du côté opposé.

RÉCAPITULATION.

| | AU-DESSUS DE L'OCÉAN. | |
	Atlantique.	Pacifique.
Hauteur du lac de Nicaragua.............	45 m. 0 c.	39 m. 10 c.
Id. du lac de Leon..................	53 70	47 80
Id. du niveau supérieur.............	70 55	64 65

Nous allons maintenant donner tous les renseignements que nous
possédons sur les lieux par lesquels doit passer le canal, afin de faire
voir quels sont les travaux nécessaires au succès de l'entreprise.

RIVIÈRE SAN-JUAN.

« La rivière San-Juan, dit M. Baily, sort de l'extrémité S. E. du lac de Nicaragua, à
l'endroit où s'élevait jadis le fort Saint-Charles, aujourd'hui entièrement détruit. C'est
le seul canal d'écoulement qu'aient les eaux des deux lacs. La longueur totale de cette
rivière, en suivant toutes ses sinuosités depuis le fort Saint-Charles jusqu'au port San-
Juan del Norte, est de 90 milles (d'autres disent 104) ou 145 kilomètres ; elle forme un
magnifique cours d'eau, d'une largeur irrégulière de 100 à 200 mètres, parsemé de petites îles qui ont, pour la plupart, un chenal de chaque côté. Sa profondeur varie de
1 brasse 1 2 à 7, 8 et 9 brasses. Dans le milieu du courant, elle est, en général, de 3 à
5 brasses ; mais, pendant la saison des pluies, c'est-à-dire de mai à novembre, la rivière
San-Juan grossit considérablement : il résulte d'observations faites au fort en ruines qui
est près de Grenade, par un temps calme, au mois d'octobre 1838, quand la saison des
pluies venait de finir, et au mois de mai 1839, avant qu'elles eussent recommencé et
lorsque les eaux du lac étaient au plus bas, que la différence de niveau entre ces deux
points extrêmes était de 1 mètre 98 centimètres. Au mois de novembre 1839, quand les
pluies eurent cessé, on recommença les mêmes observations, et l'on trouva que les eaux
avaient monté de 35 centimètres de moins que l'année précédente.

« Les bords du San-Juan, et particulièrement la rive droite, sont couverts d'arbres de
toute espèce et de toute grandeur, s'élevant au milieu d'un fourré de broussailles, ce qui
forme une forêt presque impénétrable : aussi, cette partie du pays n'est-elle pas habitée,
et la terre, quoique d'une merveilleuse fertilité, y reste en friche. Les bords de la rivière, proprement dits, sont onduleux ; ils ne s'élèvent, dans certains endroits, que de
quelques pieds au-dessus de la surface de l'eau ; dans d'autres, ils ont de 20 à 30 pieds
de hauteur.

« Deux rivières considérables, le San-Carlos et le Sarapiqui, et en outre, une multitude de petits cours d'eau, se jettent dans le San-Juan. »

Il y a aussi, suivant M. A. G***, de très-grandes rivières qui prennent leur source dans les montagnes limitrophes du pays des Mosquitos, et qui versent leurs eaux dans le San-Juan par sa rive gauche.

« Par suite de la pente douce du San-Juan, le courant n'en est pas fort ; on peut l'évaluer
de 1 mille à 1 mille 1/2 par heure, à l'exception des temps de crue, où sa marche est
diversement accélérée, selon les circonstances. On y navigue pendant toute l'année avec
des barques de huit à dix tonneaux, manœuvrées ordinairement par 10 à 12 hommes,
indépendamment du patron. Ces barques peuvent porter une centaine de surons d'indigo,
ou cinq cents cuirs, ou une quantité proportionnelle de brésillet. Les obstacles que présente aujourd'hui la navigation du San-Juan sont d'abord les *rapides ;* ensuite l'épuise-
ment résultant de son écoulement partiel dans une autre rivière, appelée le Colorado, à
17 milles du port de San-Juan ; enfin, les labyrinthes de petites iles qui se succèdent sur
une étendue de 10 à 12 milles, depuis l'embranchement du Golorodo jusqu'à l'embouchure du San-Juan. On suppose qu'à quelque époque antérieure, les Espagnols élargirent à
dessein l'ouverture de cette branche, afin d'épuiser sur ce point la rivière principale de
manière à la rendre innavigable, espérant ainsi mettre la ville de Grenade à l'abri de
toute attaque du dehors. La science de nos ingénieurs aurait facilement raison de ce dernier obstacle. Quand aux *rapides,* ils sont au nombre de quatre, appelés *del Toro, del
Castillo-Viejo, de las Balas* et *de Machuca,* tous compris dans un espace de 10 milles ;
le plus long n'a pas plus de 1 mille (1 kilomètre 60). Les rochers qui les occasionnent
sont tous placés transversalement au courant, laissant de chaque côté un étroit chenal, et
montrant, pendant la saison de sécheresse, leurs arêtes inégales et tranchantes au-dessus
de la surface de l'eau.

« La largeur de la rivière, à partir de ce point, est de 100 à 120 mètres ; le courant
se précipite avec violence et se brise entre les pointes saillantes qu'il rencontre. Cependant, les *bongos* passent sans danger, et nous n'avons jamais entendu parler d'un
accident.

« Colorado se sépare du San-Juan par 10° 30' de latitude Nord, et, après avoir
couru dans la direction du S. O., se jette dans la mer par 10° 46', formant à son
embouchure une barre dangereuse. Cette rivière enlève au San-Juan une masse d'eau
considérable, car son ouverture, au point de jonction, est de 360 mètres, avec 2 mètres 70 d'eau dans sa partie la plus profonde, lorsque la rivière est au plus bas. Il a
été constaté par des calculs basés sur des observations faites avec soin à deux époques
différentes, en mai, au moment des plus basses eaux, et en juillet, dans la saison des
crues, que la perte éprouvée par le San-Juan était, à la première époque, de 21,416 mètres cubes d'eau par minute, et à la seconde, de 65,258 mètres cubes. Le principal cours
d'eau se trouvant tout-à-coup affaibli, son mouvement se ralentit, et, comme conséquence
naturelle, il se forme des dépôts de sable et de limon qui augmentent graduellement dans
les endroits où le mouvement de l'eau est le plus lent ; des troncs d'arbres et d'autres
corps flottants venant à atterrir sur ces dépôts, il se forme, à l'aide de ces agrégations
successives, de petits ilots qui ne tardent pas à se couvrir de grandes herbes, de roseaux
et d'autres plantes d'un rapide développement ; un grand nombre de ces monticules ont
ainsi surgi au milieu de la rivière, et ce procédé de formation se poursuit incessamment.

On pourrait facilement et utilement faire ici l'application des moyens ordinairement employés pour curer le lit des rivières, car ces bancs ne sont autre chose que de la vase et
du sable, sous lesquels se trouvent parfois enfouis des troncs d'arbres. Il serait indispensable de construire, à l'embranchement de Colorado, un barrage d'après le plan le
mieux adapté aux localités. La masse d'eau du San-Juan étant ainsi renforcée et aidée
au besoin par les ressources de l'art, se creuserait bientôt, par l'effet de la plus grande
force d'impulsion qu'elle aurait reçue, un chenal aussi profond qu'on le voudrait : on
pourrait opérer de la même manière dans les autres parties de la rivière où cela serait
jugé nécessaire, car le fond se compose presque partout de vase et de sable, excepté
dans les *rapides*, où il est formé de rochers et de pierres détachées. »

De l'exposé qui précède, ainsi que des plans levés en 1840 par
M. Lawrance, et des renseignements que nous avons reçus du capitaine A. G., qui a visité ce pays en 1842, nous pouvons tirer les conclusions suivantes :

Le cours de la rivière San-Juan peut être divisé en quatre parties.
La première commence au lac et s'étend à la distance de vingt-sept
milles, jusqu'au premier *rapide*; la seconde comprend tout l'espace
occupé par les *rapides*, c'est-à-dire quinze milles ; la troisième s'étend
des *rapides* à l'embranchement du Colorado (quarante-trois-milles) ;
la quatrième, de l'embranchement du Colorado jusqu'à la mer (dix-
neuf milles).

La première partie, celle qui s'étend du lac jusqu'à la rivière Sa-
valos, où commence le *rapide del Toro*, présente une navigation facile ;
le courant est très-modéré, et la rivière, à sa sortie du lac, a de six
à sept pieds de profondeur en temps de sécheresse ; mais, à mesure
qu'on avance, cette profondeur augmente de neuf à vingt pieds. Elle
n'a pas plus d'un quart de mille de largeur. Ces vingt-sept premiers
milles exigent très-peu de travaux ; car dans toute cette distance, un
tiers seulement du lit de la rivière, c'est-à-dire neuf milles, a besoin
d'être dragué au moyen d'une machine à vapeur.

Dans la seconde partie, qui comprend les *rapides*, les travaux suivants seraient nécessaires :

Les rives du *rapide del Toro* s'élevant graduellement, une écluse
placée à son extrémité inférieure donnerait la profondeur nécessaire,
car il existe un chenal de neuf à dix pieds de profondeur. La longueur
de ce *rapide* est d'un mille, et la vitesse de la rivière y est seulement
de quatre milles à l'heure. Sur un espace de quatre milles, on trouve
ensuite une eau tranquille, dont la profondeur est de douze à vingt-
quatre pieds. Les rives sont basses, sauf une petite portion de la rive
gauche, qui s'élève à huit pieds au-dessus du niveau de l'eau. Leur

élévation n'augmente pas jusqu'aux *rapides* de *Mico* et de *las Balas*. A Castillo-Viejo, on rencontre d'autres *rapides*, qui ont un kilomètre de longueur sur douze à vingt-quatre pieds de profondeur. Il faudrait ici quelque draguage.

Après deux milles et un quart de courant navigable, avec treize pieds d'eau, on arrive aux *rapides* de *Mico* et de *las Balas*, qui ont ensemble un mille et un huitième de longueur. Ces deux *rapides* se touchent presque et sont considérés comme n'en faisant qu'un. La profondeur du chenal est de six à dix-huit pieds ; les bords s'élèvent de six à huit jusqu'à vingt pieds au-dessus du niveau d'eau. A ce point, une écluse serait nécessaire. Entre ce *rapide* et celui de *Machuca*, s'étend, sur une distance de trois milles, une nappe d'eau tranquille et d'une profondeur considérable, où il n'y aurait presque rien à faire.

Le dernier *rapide* est celui de *Machuca* ; il a plus d'un mille de longueur, et il est considéré comme le plus dangereux de tous, quoiqu'il ait moins de pente que les deux derniers mentionnés. La vitesse du courant n'y excède nulle part cinq milles à l'heure, dans les basses eaux. Il présente, pendant la sécheresse, l'apparence d'un long bas-fond, sur lequel sont éparses un grand nombre de roches à peine couvertes par l'eau. Sur ce point aussi, les rives ont assez d'élévation pour permettre d'y établir une écluse.

La troisième partie du San-Juan, dans laquelle se déchargent deux grands cours d'eau, le San-Carlos et le Sarapiqui, est profondément encaissée, en sorte que quatre à cinq écluses et moins de dix milles (16 kilom.) de draguage, suffiraient pour la rendre navigable.

Quant à la quatrième partie, qui s'étend du Colorado à la mer, elle présente neuf milles de bonne navigation ; mais le reste, étant rempli de bas-fonds, aurait besoin d'être creusé, et il faudrait augmenter le volume d'eau, en l'empêchant de s'écouler dans le Colorado. Dans le cas où l'on jugerait indispensable d'ouvrir un canal latéral, sa longueur n'excéderait pas dix milles (16 kil.).

En récapitulant les travaux à exécuter dans la rivière, nous trouvons :

Pour la première partie, à creuser neuf milles, soit.......			15,840 *yards*.
Pour la seconde —	au premier *rapide*..............		1,760
—	au deuxième *rapide*.............		1,090
—	au troisième *rapide*.............		2,000
—	au quatrième *rapide*.............		2,016
Pour la troisième —	travaux.....................		47,600
Pour la quatrième —	Id.		17,600
	TOTAL..................		57,906
	Soit. 33 milles (53 kilom.)		

7

La longueur des écluses à construire à chacun des quatre *rapides* sera de 79^m 65 à 108^m 50.

Les explorations faites en 1830 par M. A. G. confirment de tout point ce que nous venons de dire, et nous arrivons à la conclusion suivante : 1° que sur toute l'étendue de son parcours jusqu'à dix milles de son embouchure, la rivière San-Juan a, dans son état ordinaire, six pieds de profondeur au *minimum* ; 2° que, sauf quelques exceptions insignifiantes, ses rives ont assez de hauteur pour permettre, à l'aide de digues et d'écluses, d'augmenter le volume d'eau de manière à lui donner la profondeur requise ; 3° que, dans certaines parties de la rivière, ainsi qu'à son embouchure, la nature de son lit se prête aux opérations nécessaires du draguage à la vapeur.

Ainsi, en enfermant chacun des quatre *rapides* entre deux écluses, et en en plaçant, en outre, une ou deux à l'embouchure de la rivière, on aura sur le San-Juan neuf à dix écluses qui, dans un canal ordinaire, suffiraient seulement pour une chute de 26^m 75 ; mais comme la chute de la rivière, dans le cas actuel, resterait la même, les écluses serviraient simplement à augmenter sa profondeur, sans contrarier l'écoulement naturel de ses eaux.

Port de San-Juan del Norte.

Le port de San-Juan de Nicaragua, ou del Norte, est, d'après ce qu'en ont dit MM. Baily, Rouhaud, Dumartray et plusieurs autres officiers français, très-vaste et très-sûr. La barre permet l'entrée de grands navires, et la rade offre un excellent abri contre les vents du nord, qui soufflent avec beaucoup de violence de cette côte (1).

Lac de Nicaragua ou de Grenade.

M. Baily nous donne, dans sa brochure, les détails suivants :

« Le lac de Grenade a 90 milles géographiques (166 kil.) de longueur ; sa plus grande largeur est de 40 milles, et sa largeur moyenne de 20. Sa profondeur varie ; elle est, en quelques endroits, de 2 brasses près du bord ; dans d'autres, à 1/2 mille seulement ; puis elle augmente graduellement, jusqu'à 10, 12 et 15 brasses : le fond est ordinairement de vase (M. A. G. a trouvé 45 brasses au milieu du lac). Ce bassin est le réceptacle des eaux d'une zone de 6 à 10 lieues de largeur, qui borde le lac des deux côtés ; elles y sont apportées par de nombreux ruisseaux et rivières, dont aucune n'est navigable, à l'ex-

---

(1) Voir le plan levé en 1832 par M. Peacock.

ception du Rio Frio, qui prend sa source plus loin, dans les montagnes de Costa-Rica, et qui verse dans lac une grande masse d'eau, près de l'endroit d'où en sort le San-Juan. L'embouchure du Rio Frio a 200 mètres de largeur, sur près de 2 brasses de profondeur. Il existe, dans différentes parties du lac, plusieurs îles et groupes d'îlots; mais aucune de ces îles ne gêne la navigation, qui n'est non plus interceptée nulle part par des bancs ou des bas-fonds, et ne rencontre d'autre obstacle que le peu de profondeur de l'eau dans le voisinage immédiat du bord; encore, cet inconvénient est-il fort peu de chose; on pourrait même dire qu'il n'en est pas un pour les embarcations actuellement en usage, les marins du pays étant dans l'habitude de se tenir toujours à une très-petite distance du rivage, afin de choisir à la chute du jour un endroit convenable pour s'y arrêter, car il est très-rare qu'ils continuent leur voyage de nuit.

« Le pays qui s'étend jusqu'à la côte orientale s'appelle Chontales. Le sol de cette région, quoique couvert d'arbres, présente en plusieurs endroits d'excellents pâturages divisés en fermes, sur lesquelles les naturels se livrent surtout à l'élève des bestiaux.

« Les îles les plus considérables du lac sont Omotepe, Madera et Zapatera. Prises ensemble, les deux premières de ces îles ont 12 milles de longueur. Zapatera est presque triangulaire et longue de 8 milles. Sanate, Solentinane et Zapote, sont plus petites et inhabitées; mais quelques-unes d'elles, la dernière surtout, sont susceptibles de culture.

« Près de la ville de Grenade se trouve le meilleur mouillage pour les navires des pls grandes dimensions. »

Rivière Tipitapa.

« Le lac de Nicaragua, dit M. Baily, communique avec le lac de Leon par la rivière Panaloya (ou Tipitapa), navigable pour les barques du pays jusqu'à une distance de 12 milles, c'est-à-dire jusqu'à l'endroit appelé Pasquiel, où l'on exploite le bois de teinture. Les 4 milles qui restent, de cet endroit du lac de Leon. ne sont navigables pour aucune espèce d'embarcation, de quelque forme que ce soit, parce que au delà de Pasquiel, le chenal est obstrué par une veine de roches qui, lors des crues, sont couvertes d'eau; mais, pendant la sécheresse, l'eau baisse tellement, qu'elle ne peut s'échapper qu'à travers les fissures des rochers, fissures qui vont en se rétrécissant graduellement. A 1 mille au delà de cette première veine de roches, on en rencontre une autre plus massive et qui, coupant la rivière à angles droits, forme une cascade de 13 pieds de chute.

« La rivière Tipitapa (1), qui se jette dans le lac de Nicaragua, est la seule voie d'écoulement qu'ait le lac de Leon. Les terres qui bordent cette rivière sont un peu basses, mais fertiles, et on y trouve d'excellents pâturages : comme dans le Chontales, elles sont divisées en fermes consacrées surtout à l'élève des bestiaux. Toute cette contrée, couverte de bois de teinture, est peu peuplée. Le seul village est celui de Tipitapa, situé dans le voisinage de la cascade dont nous avons parlé plus haut. Il se compose d'une petite église et d'une centaine de chaumières. On traverse la rivière sur un pont de bois. »

---

(1) D'après M. Stephens, dit M. Michel Chevalier, toute la pente de la rivière Tipitapa, qui est de 28 pieds, se trouve comprise dans les six premiers milles, à partir du lac Leon. M. Rouhaud, qui a pris part aux opérations topographiques faites dans ce pays, m'a dit que la pente de 28 pieds était répartie comme suit : 18 pieds en une chute à Tipitapa, et les 10 pieds restant, de Tipitapa au lac de Nicaragua.

Pour rendre cette rivière tout à fait propre à la navigation, il faudrait y construire trois écluses et la canaliser d'un bout à l'autre; cependant M. A. G. est d'avis que, pour les douze premiers milles, il suffirait d'une écluse qui augmentât la profondeur de l'eau. Suivant M. Lawrance, la partie navigable de la rivière a de trois à dix-huit pieds de profondeur, et la chute de Pasquiel est de treize pieds : il estime le parcours de la rivière à vingt milles (32 kil.)

Lac de Leon ou de Maragua.

Le lac de Leon a de trente-deux à trente-cinq milles de longueur, et sa plus grande largeur est de seize milles. Il reçoit de la contrée environnante, mais principalement de la côte orientale, un grand nombre de cours d'eau, dont aucun ne peut être considéré comme important. A en croire M. Lawrance, il n'est pas aussi profond que le lac de Nicaragua; il le serait davantage, suivant M. A. G.

Ses bords sont plus élevés et plus escarpés que ceux du lac de Nicaragua, ce qui permettrait, au besoin, d'en exhausser le niveau, par la construction d'un barrage au-dessus du point où ses eaux s'écoulent par la rivière Tipitapa.

Isthme entre le lac de Leon et Realejo.

M. Michel Chevalier dit que les rapports du célèbre navigateur Dampier, qui avait guerroyé dans ces contrées, tendent à faire croire que, sur toute l'étendue des différents tracés qui conduisent du lac de Leon à Realejo et du lac de Nicaragua au golfe de Papagayo ou à celui de Nicoya, le terrain se compose en général de plaines unies, et qu'entre le lac de Leon et la côte de Realejo, le sol est tout à fait plat. M. Stephens, en rendant compte de ses impressions personnelles, dit aussi que ce pays est parfaitement de niveau. M. Rouhaud a parlé dans les mêmes termes de l'espace compris entre la corne nord-ouest du lac de Leon, et le port de Realejo et de la région qui s'étend entre le même point et le port de Tamarindo. Il pense que le bord du lac peut avoir de dix-neuf à vingt-deux pieds au-dessus du niveau de l'eau. Puis vient, dit-il, une petite zone sensiblement de niveau, par laquelle on descend doucement à l'océan Pacifique. Cette unanimité d'opinions est assez rassurante :

« Je vois, ajoute M. Michel Chevalier, dans une description de l'Amérique centrale et du Mexique, publiée à Boston en 1833 (1), que le point le plus élevé entre le lac de Leon et l'océan Pacifique n'est qu'à 15 mètres 55 au-dessous du niveau du lac. Du lac à la rivière Tosta, il n'y a que 11 milles; et cette rivière n'est pas à plus de 0 mètre 91 au-dessus du niveau du lac, au point où l'on pourrait opérer une jonction. Ce fait, s'il était bien établi, serait fort important; car on pourrait alors éviter une tranchée extraordinaire, et, à plus forte raison, un souterrain. Une tranchée de 22 mètres, au *maximum* (2), n'est pas une chose insolite dans les opérations des ingénieurs des ponts et chaussées.

« Au moyen des machines et des outils perfectionnés dont les ingénieurs disposent aujourd'hui, on peut, en l'absence de terrains rocheux, exécuter des tranchées profondes à peu de frais. Sur le canal d'Arles à Bouc, par exemple, le plateau de la Lèque a été coupé par une tranchée de 2,100 mètres, et d'une profondeur extrême de 40 à 50 mètres. La dépense ne s'est pas élevée à 4,000,000 de francs, quoique les travaux aient été exécutés d'après l'ancien système (3). Aujourd'hui, les travaux de cette nature s'exécutent à l'aide de puissantes machines; la main-d'œuvre se borne à la fouille et au chargement, et même, pour ce dernier objet, une machine a été employée avec succès et économie sur le chemin de fer du Nord. »

Nous voici maintenant arrivés à un des points capitaux de notre travail. Jusqu'à présent, l'opinion générale des personnes compétentes qui se sont occupées de la jonction des deux mers à travers l'État de Nicaragua, est que la canalisation des rivières San-Juan et Tipitapa ne présente pas de difficultés extraordinaires. Le seul point important à constater était l'élévation du sol entre le lac de Leon et l'océan Pacifique. On a vu que les ingénieurs s'accordent à représenter cette élévation comme n'étant pas considérable. Dampier, Stephens, Rouhaud, Baily, prétendent que le sol s'abaisse graduellement vers l'Océan. Suivant d'autres autorités, la ligne de faîte serait à 15 mètres au-dessus du lac de Leon; mais M. A. G., qui a exploré ce pays en 1842, en a étudié avec soin la configuration, et nous a fourni les détails suivants.

Le bord occidental du lac de Leon s'élève de 8 mètres au-dessus du niveau du lac. A partir du lac, le terrain s'élève graduellement jusqu'à une distance de 2,490 mètres, où il atteint une élévation de $16^m 85$. C'est là le point culminant, et le terrain descend ensuite doucement vers l'Océan.

---

(1) *Mexico and Guatimala.*

(2) En ajoutant 6 mètres pour la profondeur du canal au-dessous de la ligne d'eau, qui serait alors au niveau du lac.

(3) Cette tranchée, pratiquée à travers un terrain de roche et d'argile, a coûté 3,667,343 francs. Le canal n'a que sept mètres de largeur.

A une distance de onze milles du bord occidental du lac, sur la ligne que doit suivre le canal pour atteindre Realejo, on rencontre la rivière Tosta, qui est, à cet endroit, à 10^m 30 au-dessous du lac, et dont la source, qui sort du pied du volcan Telica, est nécessairement beaucoup plus élevée. Cette rivière, qui a, en moyenne, 20 mètres de large sur 2 de profondeur dans les basses eaux, contribuerait largement à l'alimentation du canal. La vitesse de son cours, qui paraît être considérable, n'a pas été mesurée. En la supposant de vingt pouces par seconde, on trouve que le volume d'eau fourni sera de dix mètres cubes par seconde, quantité plus que suffisante, puisque M. Garella a calculé que la perte d'eau occasionnée par l'ouverture des écluses et par l'évaporation n'excèderait pas 196,000 mètres cubes par vingt-quatre heures, ce qui correspond à une perte de 2^m 27 cubes par seconde.

Ces faits, en prouvant suffisamment la possibilité de la coupure proposée près de Realejo, nous dispensent de pousser plus loin nos investigations sur ce point. Cependant, nous citerons encore l'opinion du capitaine sir Edward Belcher, qui a exploré ce pays en 1838 :

« Nous établîmes notre observatoire près du bord de la mer, au pied du volcan de Coseguina ou Quisiguina, et après avoir achevé les observations nécessaires, nous partîmes avec le *Starling* et les embarcations, pour explorer l'Estero Real, qu'on m'avait dit pouvoir être remonté jusqu'à une distance de 60 milles, auquel cas, et d'après ce que j'avais pu juger de la direction de son cours lors de ma visite au volcan el *Viejo*, il devait presque communiquer avec le lac de Managua.

« Après beaucoup de peines, nous parvînmes à faire remonter le *Starling* à 50 milles de son embouchure, et nous aurions pu aller plus loin, si la force du vent n'eût rendu le travail du halage trop pénible.

« Nous montâmes sur une petite colline située à un mille environ au-dessous du point extrême que nous avions atteint, et de là nous relevâmes la mesure angulaire de toutes les sommités principales. Le résultat de cette opération, joint à ce que j'avais déjà remarqué du haut du *Viejo*, me confirma dans l'idée que nous aurions pu suivre le cours de la rivière beaucoup plus loin, et qu'elle devait remonter bien près du lac de Managua. J'aperçus les montagnes de l'autre côté de ce lac, à l'est, et il n'y avait pas, dans toute cette direction, de terres assez élevées pour cacher les arbres interposés. Ce serait donc la là ligne la plus avantageuse pour un canal, qui, au moyen de la navigation des lacs, se relierait à l'intérieur des Etats de San-Salvador, Honduras, Nicaragua, et s'étendrait jusqu'à l'Atlantique. Nous pouvons garantir une distance de 50 milles navigable pour des bâtiments tirant 10 pieds d'eau, et les naturels, ainsi que des étrangers habitant le pays, nous ont affirmé qu'il fallait y ajouter 60 autres milles. Mais des vapeurs seront absolument nécessaires pour lutter contre la violence des vents. » (*Voyage round the World;* London, 1843.)

Il ajoute, dans un *appendix* :

« Il y a, dans le port de Realejo, une rivière, la Donna Paula, qui vient du côté de Leon et qui est navigable jusqu'à trois lieues de cette dernière ville. On a eu l'idée d'établir un chemin de fer de Leon au lac Managua. Quant à un canal de communication avec l'océan Pacifique, à moins qu'il n'aille rejoindre l'Estero Real, en passant derrière la chaîne du Momotombo, du Telica et du Viejo, le projet me paraît peu praticable. »

Il est donc évident que les observations de Sir Edward Belcher, bien qn'ayant une autre ligne en vue, confirment la possibilité de creuser un canal à travers l'isthme de Realejo.

Nous avons déjà parlé de la salubrité du climat sur toute l'étendue de la ligne que nous avons adoptée, et aussi du bas prix de la main-d'œuvre. Nous croyons devoir citer à ce sujet les observations personnelles de M. Baily :

« Dans l'exécution d'une entreprise aussi gigantesque, dit il, la salubrité du climat et les moyens de faire vivre dans l'abondance et avec économie le grand nombre de travailleurs qu'il faudrait réunir, sont des considérations qu'on ne saurait passer sous silence. Quant au premier point, l'auteur peut déclarer que, pendant les quatre mois qu'il a passés entre l'océan Pacifique et le lac de Grenade, avec un détachement de quarante hommes, il n'y en eut pas un seul qui fût empêché, pour cause de maladie, de vaquer à ses travaux journaliers, encore bien qu'ils bivouaquassent continuellement en plein air. Sur le lac et dans la rivière San-Juan, avec un fort détachement, la santé des hommes se maintint également en bon état, quoiqu'ils fussent exposés, sur la rivière, à des pluies fréquentes. Mais une fois arrivés au port del Norte, et même aux approches de cette ville, la maladie se mit parmi eux, ce que j'attribue principalement à l'usage ou plutôt à l'abus des liqueurs fortes et aux autres excès si communs dans ces sortes d'endroits. Il ne serait cependant pas exact de ne tenir aucun compte d'autres causes qui purent agir simultanément : San-Juan est, en effet, exposé à toutes les dangereuses influences du climat et de la température particulières à la région des Mosquitos et à tout le littoral qui s'étend depuis le cap Gracias a Dios jusqu'à Carthagène et au delà.

« On peut dire que la population de l'Etat de Nicaragua ne s'étend pas, au sud, beaucoup au delà des environs de la ville de Nicaragua, en sorte que la ligne d'exploration, n'en approchant nulle part à moins de quatre lieues, traversait un pays comparativement désert et qu'il fallait tirer tous les approvisionnements de cette ville, ce qui n'empêcha pas que les vivres ne fussent toujours en abondance ; et, en cas de besoin, d'autres parties du pays offriraient, sous ce rapport, des ressources illimitées. Les principaux articles de consommation sont la viande (bœuf), le maïs, les *frixoles*, le riz, les bananes et les fruits, qu'on peut se procurer à des prix modérés. Ainsi, la viande vaut 3 1/2 et 4 1/2 réaux l'arrobe de 25 livres (le *réal* équivaut à 60 centimes) ; le maïs, suivant les saisons, 6, 8 ou 10, rarement 12 réaux la fanègue (la fanègue pèse environ 260 livres) ; les frixoles et le riz dans la même proportion ; les bananes, dont l'usage est général, surtout parmi les classes ouvrières, sont en telle abondance, qu'on peut en avoir, pendant toute l'année, la charge d'un mulet, c'est-à-dire de 2 à 3 quintaux, pour　ou 2 1/2 réaux.

On voit par là que, s'il était nécessaire de réunir un grand nombre de travailleurs dans cette direction, on n'éprouverait aucune difficulté pour leur procurer les moyens de satisfaire aux besoins de la vie.

« Les salaires alloués aux travailleurs, pendant le cours de cette exploration, étaient de 7 1/2 dollars par mois, en sus de la nourriture, qu'on peut évaluer en moyenne à un demi-réal par jour; mais ces salaires étaient plus élevés que ceux qu'on paye habituellement pour les travaux des champs, attendu que ces hommes étaient emmenés et tenus loin de leurs familles pour un temps indéfini. Pour des travaux comme ceux dont il s'agit, on trouverait, à la vérité, peu de ressources parmi les naturels; mais on ne manquerait pas pour cela de bras, car la certitude et la régularité de la paye attirerait des travailleurs, non-seulement de toutes les parties de cet État, mais aussi des États adjacents de Costa-Rica, Honduras et San-Salvador, en même temps qu'un système judicieux de règlements équitables assurerait parmi eux la discipline et le bon ordre. L'accusation de barbarie, dont certains auteurs ont flétri cette population, n'a pas besoin d'être réfutée : il suffit de nier le fait. Concevrait-on, en effet, que les paysans d'un pays pussent différer beaucoup de ceux des pays voisins, lorsqu'ils parlent la même langue, lorsqu'ils ont les mêmes habitudes de vie et les mêmes coutumes? »

Havre de Realejo, sur l'océan Pacifique.

Le capitaine Sir Edward Belcher, qui a levé, en 1838, le plan de ce port, nous donne les détails suivants :

« L'île Cardon, à l'entrée du port de Realejo, est située par 12° 28′ de latitude nord, et environ 87° 12′ de longitude ouest. Ce port a deux entrées, qui sont sûres toutes deux, en tout temps, moyennant les précautions convenables. Sa profondeur varie de 2 à 7 brasses, et on trouve jusqu'à la distance de plusieurs milles un bon mouillage. La marée y monte de 11 pieds. Il serait facile d'y creuser des bassins et d'y établir des cales de construction, et l'on s'y procurerait sans difficulté du bois de toute dimension. Le bois, l'eau, et tout ce qui peut satisfaire aux besoins immédiats et même aux jouissances de la vie, s'y trouvent en abondance et à bon marché. Le village de Realejo est à 9 milles environ de la mer, et sa population peut s'élever à un millier d'âmes. La principale occupation des hommes est sur l'eau et consiste à charger et à décharger les navires : il y a une douane et des agents sous les ordres d'un collecteur, d'un contrôleur, et d'un capitaine de port. » (*Voyage round the World.*)

Il ressort évidemment de tout ce qui précède, que le canal ouvert à travers l'État de Nicaragua présenterait tous les avantages désirables. Il traverserait les parties les plus fertiles, les plus saines et les plus peuplées de l'Amérique centrale, et n'en serait, par conséquent, que plus susceptible d'atteindre un haut degré de prospérité et de grandeur. Il déboucherait dans les plus grands lacs du monde, communiquerait avec de grandes rivières, et, appuyé à ses extrémités sur deux grands ports de mer, répandrait les bienfaits de la civilisation sur une vaste étendue de pays.

III. — DIMENSIONS DU CANAL.

Avant d'entrer dans le calcul de la dépense probable du canal, nous allons établir les dimensions qu'il devrait avoir, en adoptant les chiffres posés par M. Garella dans son ouvrage sur Panama, quoique la largeur de 44 mètres, donnée par lui, soit un peu plus qu'il n'est nécessaire. Le canal Calédonien, le plus grand de tous les canaux existants, n'a que 36 mètres 30 centimètres de largeur à la ligne d'eau; mais, pour rendre plus facile le remorquage à la vapeur, nous adoptons le chiffre de 44 mètres.

M. Garella a calculé les dimensions de son canal de manière à pouvoir admettre des navires marchands de 1,200 tonneaux. Or, un bâtiment de commerce de ce tonnage peut être comparé à une frégate de second rang, qui a les dimensions suivantes :

Longueur extrême............................. 59 m. 50 c.
Longueur du pont............................. 52   65
Largeur au maître-bau....................... 13   50
Tirant d'eau à charge, *maximum*............ 6   40

Voici, maintenant, les dimensions du canal :

Profondeur, excédant de 60 centimètres le maximum du tirant d'eau du plus fort bâtiment........... .... 7 mètres.
Largeur à la ligne d'eau (trois fois la largeur du plus fort bâtiment)..... 44
Largeur au fond... 20
Largeur au niveau du chemin de halage (trois pieds au-dessous de la ligne d'eau)... 47

L'inclinaison de la face intérieure de la levée sera dans la proportion d'une base et demie à une hauteur, ce qui suffit pour empêcher l'éboulement des terres. Le chemin de halage, établi du côté du canal, aura 6 mètres de largeur.

Dans les parties rocheuses, il suffira de donner aux levées une pente d'un dixième.

Les écluses, pour pouvoir recevoir des bâtiments de 1,200 tonneaux, auraient les dimensions suivantes :

Largeur........ .... 14 m. 25 c.
Longueur en dedans des portes.,.......... 64   »

Ces dimensions suffiraient pour admettre à la fois dans une même écluse :

Deux navires marchands de 300 tonneaux chaque, la plus grande longueur de ces bâtiments étant de 35 mètres, et leur largeur de 10 mètres ;

Ou bien deux bricks de seize canons, la longueur de ces bâtiments étant de 34 mètres, et leur largeur de 9 mètres ;

Ou bien encore, deux allèges de 380 tonneaux chaque, leur longueur extrême étant de 35 mètres 50 centimètres.

Ces dimensions excèdent d'un cinquième celles du canal Calédonien, fait pour recevoir des frégates de troisième rang.

IV. — ÉVALUATION DES FRAIS DE CONSTRUCTION DU CANAL.

Il y a, ainsi que l'avons déjà dit, trois points distincts sur lesquels des travaux d'art seraient nécessaires, savoir :

1º — Sur la rivière San-Juan ;

2º — Sur la rivière Tipitapa ;

3º — Sur l'isthme compris entre le lac de Leon et l'océan Pacifique.

Nous suivrons encore ici les estimations de M. Garella pour des travaux analogues projetés à Panama, tout en faisant remarquer que les prix fixés par cet ingénieur sont fort élevés : c'est ainsi qu'il calcule la journée d'un terrassier à 3 francs, tandis que nous savons qu'on peut s'en procurer, à Grenade et à Leon, moyennant 60 c. par jour.

Travaux de la rivière San-Juan.

D'après ce que nous avons dit, les travaux nécessaires sur ce point sont :

A la rivière San-Juan : 10 écluses de barrage à 600,000 fr., soit... 6,000,000 fr.

51,040 *yards* ou 46,630 mètres du lit de la rivière à creuser et à nettoyer au moyen de la machine à draguer. En comptant 90 *yards* cubes par *yard* courante, on trouve 4,593,600 *yards* cubes, à 1 sh. 6 d. (1 fr. 65 c.) par *yard*, 344,520 liv. st. 8,613,000

6,866 *yards* (6,275 mètres) pour lesquelles il faudra pratiquer des opérations de minage ; à 16 liv. st. (400 fr.) par *yard* courante, 109,856 liv. st. 2,746,400

Chemin de halage, à 16 sh. par *yard* courante, sur une longueur de 183,040 *yards* (167,298 mètres), 146,432 liv. st. 3,660,800

Barrage du Colorado, 20,000 liv. st. 500,000

Total pour les travaux du San-Juan, 860,808 liv. st., soit.... 21,520,200 fr.

Travaux à la rivière Tipitapa.

Quoique la rivière Tipitapa, pour être rendue navigable au moyen de travaux de mine et de draguage, n'ait, à la rigueur, besoin de ces opérations que sur une étendue de 7,840 *yards* (6,434 mètres), cependant nous pensons qu'il conviendrait de les pratiquer sur toute l'étendue de son parcours de vingt milles. Il faudrait aussi trois écluses pour racheter la chute, ce qui donnerait :

Trois écluses, 72,000 liv. st..............................	1,800,000 fr.
35,200 *yards* (32,172 mètres) de la rivière à creuser, à raison de 8 liv. st. par *yard* courante, 281,600 liv. st...............	7,040,000
Chemin de halage sur une longueur de 35,200 *yards*, à 16 sh. par *yard* courante, 28,160 liv. st............................	704,000
Total pour les travaux à exécuter sur la rivière Tipitapa, 381,760 liv. st.................	9,544,000 fr.

Travaux sur l'isthme de Realejo.

En ce qui concerne l'isthme de Realejo, nous croyons être dans le vrai en accordant pour toute l'étendue de 51,040 *yards* (46,650 mètres) qui sépare le lac de Leon de l'océan Pacifique, une tranchée d'une profondeur moyenne de 10 mètres, ce qui donne pour la superficie de la section 484 *yards* carrées (400 mètres carrés).

484 *Yards* carrées × 51,040 *yards* = 24,703,360 *yards* cubes, soit à 1 sh. 2 d., 1,441,029 liv. st............................	36,025,725
La plus grande élévation étant de 64 mètres 60 centimètres au-dessus du niveau de l'océan Pacifique, et de 16 mètres 80 centimètres au-dessus du lac de Leon, la pente occidentale sera rachetée au moyen de 23 écluses, et la pente orientale au moyen de 6 écluses; en tout 29 écluses, soit à 696,000 liv. st.....................	17,400,000
Le sol étant un pâturage uni, nous calculons les frais du chemin de halage à raison de 8 sh. par *yard*, soit pour les 51,040 *yards*, 20,416 liv. st......................................	510,400
Total pour les travaux à exécuter sur l'isthme de Realejo, 2,157,445 liv. st...................	53,936,125 fr,

Travaux à exécuter aux ports formant les extrémités du canal
(pour mémoire).

Bien que les ingénieurs pensent que le port de Realejo et celui

de San-Juan n'exigeraient que des travaux insignifiants, nous éva-
luons la dépense probable du creusement de la barre à 80,000 £, soit
2,000,000 de fr.

RÉCAPITULATION GÉNÉRALE.

Travaux sur la rivière San-Juan.........................	21,520,200 fr.
Id. sur la rivière Tipitapa...........................	9,544,000
Id. sur l'isthme de Realejo...........................	53,936,125
Id. aux ports extrêmes...............................	2,000,000
Achat d'outils, machines, chariots, etc....................	5,000,000
Dépense totale......................	90,000,325
Dépenses imprévues et fonds de réserve.............	9,999,675
TOTAL............	100,000,000 fr.

Le lecteur voudra bien remarquer que, contrairement à ce qui se
pratique généralement, nous avons exagéré les devis au lieu de les
atténuer, ayant supposé une quantité de grands travaux nécessaires,
là où les rapports s'accordent à les représenter comme tout à fait insignifiants; nous avons, d'ailleurs, pris pour base les calculs de
M. Garella, qui, ainsi qu'il le déclare lui-même, a adopté pour tous
ces travaux le taux de la main-d'œuvre en Europe, avec une augmentation de 50 p. 0/0. D'un autre côté, si l'on tenait compte des indications fournies par le capitaine sir Edward Belcher sur l'existence
d'une rivière, qu'il considère comme navigable depuis la mer jusqu'au
lac de Leon et à laquelle il serait facile de faire recevoir de gros bâtiments, — il en résulterait dans les dépenses une réduction d'au moins
un million sterling (25,600,000 fr.).

V. — REVENUS PROBABLES DU CANAL.

§ Ier.

Les revenus du canal peuvent provenir de deux sources, — d'abord
des droits de péage auxquels seront assujettis tous les navires; ensuite
de la plus-value qu'acquerront les terrains que le gouvernement de
Nicaragua donnera à la compagnie.

Voyons quels seront les vaisseaux qui adopteront cette nouvelle
route. Ce seront — non-seulement tous les navires qui n'auraient
d'autre alternative que de doubler le cap Horn pour aller au Pérou,

au Chili, à l'Orégon, en Californie et sur tous les autres points de la côte occidentale de l'Amérique, ainsi qu'aux îles de l'Océanie, — non-seulement tous les baleiniers qui se rendent en si grand nombre dans l'océan Pacifique ; — mais encore tous les navires partant d'Europe à destination de la Chine, de Manille, de la Nouvelle-Hollande et de la Nouvelle-Zélande ; car, encore bien que le voyage d'Europe en Chine, par ce canal, soit presque aussi long que par le cap de Bonne-Espérance, les vaisseaux y trouveront l'avantage d'être comparativement exempts des dangers de mer, d'être aidés par les vents alizés et les courants équatoriaux. Il est vrai que, pour le retour, ces deux derniers avantages n'existeraient pas. D'un autre côté, le plan proposé à sir Robert Peel par M. Mac Geachy, de la Jamaïque (*Kingston Morning Journal* du 11 mars 1846), pour l'établissement d'une communication par bateaux à vapeur, prouve qu'une coupure à travers l'isthme de Panama ou de Nicaragua rendrait la correspondance avec Canton beaucoup plus rapide, au moyen de ce genre de bâtiments, qu'elle ne l'est par la route actuelle de l'Egypte.

Grâce à l'ouverture de ce canal, le Japon viendrait peut-être, comme la Chine, offrir un nouveau stimulant au commerce du monde.

Le canal de Nicaragua raccourcirait de 2,846 milles le voyage d'Europe à la côte occidentale d'Amérique, et donnerait en moyenne une économie de quarante-huit jours. C'est en effet le chiffre moyen auquel on arrive en additionnant le nombre de milles et de jours employés pour l'aller et le retour de Londres au Callao, à Valparaiso et à l'Orégon par le canal, et en les comparant avec le nombre de milles et de jours employés pour faire le même voyage par le cap Horn. Pour aller à Canton, à Singapour et à Sydney, on trouve, il est vrai (sans tenir compte du retour), une augmentation moyenne de 932 milles ; mais, par suite des vents et des courants, on obtient en réalité une économie de temps qui s'élève à vingt-six jours.

Quant aux navires partant des Etats-Unis (1), toutes ces distances seraient abrégées de 1,480 milles et de quinze jours de navigation (les navires partant de la Nouvelle-Orléans auraient encore un plus grand avantage). Ainsi, l'Europe gagnerait quarante-sept jours dans un voyage à la côte occidentale d'Amérique, tandis que les Etats-Unis en

---

(1) NOTE DU TRADUCTEUR. Ceci ne s'applique pas à la Californie, qui ne faisait pas encore partie du territoire des Etats-Unis, en 1846.

gagneraient soixante-deux : pour la Chine et Sydney, l'Europe gagnerait vingt-neuf jours, et les Etats-Unis quarante-quatre.

Si donc une coupure était pratiquée à travers l'Amérique centrale, cette voie serait prise, d'abord par tous les navires qui sont aujourd'hui forcés de doubler le cap Horn ; en second lieu, par une grande partie de ceux qui doublent aujourd'hui le cap de Bonne-Espérance.

Voyons maintenant quel est le nombre de ces vaisseaux.

Il résulte des documents publiés en France par ordre du ministre du commerce, que le nombre de navires appartenant aux quatre grandes puissances maritimes, la France, l'Angleterre, les Pays-Bas et les Etats-Unis, qui avaient doublé le cap Horn et le cap de Bonne-Espérance dans le cours de l'année 1841, était de 2,966, jaugeant ensemble 1,203,762 tonneaux. Dans ce chiffre ne sont pas comprises les puissances maritimes de second ordre, qui peuvent figurer pour au moins 200,000 tonneaux.

Or, on admettra bien que, sur ces 1,400,000 tonneaux, 700,000 au moins ont doublé le cap Horn. En effet, en 1835,

L'Angleterre et les Etats-Unis ont expédié....	205.000 tonneaux.
La France.................................	30,000 »
La Hollande (48,000), l'Espagne, le Danemark et la Suède...	65.000 »
TOTAL......................	500,000 tonneaux.

Ce qui donne un mouvement de 600,000 tonneaux.

Depuis lors, la navigation a pris un plus grand essor. En 1843, l'Angleterre expédiait, à elle seule, au delà du cap Horn, 300 navires, jaugeant ensemble 110,040 tonneaux : le mouvement d'aller et de retour était donc de 220,080 tonneaux. D'après le *Newbury-Port Herald*, journal publié aux Etats-Unis, le nombre des baleiniers seulement, employés en 1844, pour la plupart dans l'océan Pacifique, était de 625, représentant ensemble un tonnage de 200,000 tonneaux.

En 1843, le tonnage de la marine marchande anglaise à destination de la Chine et des Philippines, a été de..........	58,901 tonneaux.
A destination de l'Australie et de l'Océanie...............	65,890 »
TOTAL......................	124,791 tonneaux.

Ce qui donne pour l'aller et le retour 250,000 tonneaux.

Il est donc constant que le mouvement annuel de la navigation par le cap Horn dépasse actuellement 700,000 tonneaux, et qu'il en est de même de la navigation par le cap de Bonne-Espérance. Sur ces 1,400,000 tonneaux, on peut calculer que 900,000, au moins, prendraient la voie du canal, sans parler de l'accroissement inévitable que produiraient, dans les relations commerciales, la plus grande facilité des communications et l'ouverture de nouveaux débouchés aux produits de l'industrie européenne.

Pour évaluer ce que rapporterait à la compagnie le péage auquel seraient soumis ces navires, nous prendrons encore les calculs de M. Garella. On a déjà vu, par ce que nous avons dit plus haut, que la coupure de l'isthme abrégerait, en moyenne, d'un mois au moins, le voyage des bâtiments européens qui adopteraient cette voie, et de deux mois celui des bâtiments des États-Unis. L'économie qui en résulterait pour les armateurs peut se résumer comme suit, pour un navire de 300 tonneaux :

Entretien de l'équipage..................................	3,000 fr.
Intérêt à 1 1/2 p. 0/0 sur la valeur de la cargaison évaluée à 100,000 fr..	1,500
Intérêt à 1 p. 0/0 sur la valeur du bâtiment, évaluée à 90,000 fr..........	900
Economie par mois..................	5,400
Réduction de l'assurance sur le bâtiment et la cargaison 1 p. 0/0............................	1,900
Economie totale...................	7,300 fr.

Soit 24 fr. 33 c. par tonneau.

Les navires des Etats-Unis, dont le voyage serait abrégé de deux mois, gagneraient le double, c'est-à-dire 48 fr. 66 c. par tonneau. Il serait donc juste, pour les traiter sur le même pied que toutes les autres nations, de leur faire payer un double péage. En admettant qu'on prélève seulement 10 shellings (12 fr. 50 c.) par tonneau sur les navires européens, et 20 shellings (25 fr.) sur ceux des Etats-Unis, on pourra compter sur :

600,000 tonneaux à 12 fr. 50 c., soit.....................	7,500,000 fr.
300,000 id. à 25 fr., soit.........................	7,500,000
Produit annuel du canal	15,000,000 fr.

Cette entreprise donnerait, comme on le voit, un très-beau dividende aux actionnaires. En déduisant, en effet, 2 p. 0/0 pour les frais d'entretien du canal, et 1 p. 0/0 pour le fonds d'amortissement, il leur resterait 12 p. 0/0 par an de leur capital.

Afin de développer les ressources de l'Etat de Nicaragua et d'y créer des intérêts commerciaux et maritimes, il serait convenable d'établir en principe que tout navire sous pavillon centro-américain, ayant la moitié de son équipage, y compris un officier, composée de naturels du pays, payerait un cinquième de moins que les navires de toute autre nation. De cette manière, l'Amérique centrale aurait bientôt de bons matelots et une marine commerciale respectable, formés aux frais des armateurs étrangers, qui, pour jouir du bénéfice de la réduction des péages, navigueraient sous le pavillon de Nicaragua et se hâteraient de composer la moitié de leurs équipages de matelots indigènes.

§ II.

Nous avons dit que la seconde source de profits pour le canal serait dans la plus-value du sol. D'après les informations que nous possédons, le gouvernement de Nicaragua abandonnerait à la compagnie tous les terrains situés à droite et à gauche de la ligne du canal, dans toute la longueur de son parcours et sur une largeur de deux lieues, ce qui formerait une zone de trois cents lieues carrées, ou environ 1,200,000 acres. Ces terrains valent à présent 1 sh. 6 d. (1 fr. 87 c.) l'acre (40 ares). Le don que ferait le gouvernement de Nicaragua à la compagnie représente donc aujourd'hui une valeur de 2,250,000 fr. Si l'on en retranche 200,000 acres, comme n'étant pas susceptibles d'être mis en rapport, et 300,000 autres qui seraient nécessaires pour le service de la compagnie, et qui ne produiraient aucun revenu, ou qui seraient concédés, à titre gratuit, aux ingénieurs, employés, etc., il restera 700,000 acres à exploiter et à bonifier. Le canal achevé, on nous accordera bien que, selon toute probabilité, ces terres vaudront au moins 50 francs l'acre : mettons-les à 25 francs seulement, et nous aurons là une propriété d'une valeur de 17,500,000 francs à la disposition de la compagnie. Il ne faut pas oublier qu'il s'agit ici d'un sol extrêmement fertile et qui donne souvent plus de deux récoltes par an ; que l'indigo de ces contrées est supérieur à celui des Indes orientales ; que le tabac vaut celui de la Havane ; que le caféier et la canne

à sucre y viennent facilement; que les forêts y sont remplies de va-
nilliers et de bois de teinture; qu'il y a des mines à exploiter; et
enfin, que le trop plein des écluses fournirait des forces motrices pour
des établissements industriels. En supposant donc que la Compagnie
se bornât à vendre ces terres après l'achèvement du canal, elle en ti-
rerait évidemment un grand profit, ne fût-ce que par la plus-value
qu'elles auraient acquise; mais, selon nous, elle aurait plus d'avantage encore à les garder.

Nous avons l'intime conviction qu'il importe de combiner avec la
construction du canal un système de colonisation, afin que ces deux
entreprises se prêtent un mutuel appui, et d'engager comme actionnaires les masses d'émigrants qui partent chaque année pour les
Etats-Unis, et qui, d'après les renseignements recueillis jusqu'à ce
jour, emportent en moyenne un petit capital de 500 francs par tête (1).
Les actions se trouveraient ainsi placées dans les mains les plus intéressées au succès de l'entreprise; car la solidité d'une entreprise par
actions n'est assurée que par les actionnaires sérieux qui font un placement de leur capital, et non pas par les spéculateurs qui n'achètent
que pour revendre.

Le capital de cent millions de francs, que nous supposons nécessaire pour la construction du canal serait divisé en 400,000 actions
de 250 francs. En payant comptant la valeur d'une ou de plusieurs
actions, l'émigrant actionnaire aurait droit, à son arrivée en Amérique, à certaines facilités qui lui permettraient de surmonter les premières difficultés inséparables de tout début dans la colonisation. Tout
actionnaire émigrant recevrait de la Compagnie 20 acres de terre à
cultiver, avec tous les accessoires nécessaires.

Les 700,000 acres de terre seraient ainsi distribués entre 35,000 émigrants, à qui la Compagnie les céderait aux conditions suivantes. Il
serait accordé dix années à l'actionnaire émigrant pour payer les
20 acres qui lui auraient été alloués, et rembourser à la Compagnie les

_____

(1) Il est arrivé, en 1845, à New-York seulement, 50,567 émigrants allemands, possédant, en moyenne, chacun 500 francs, 12,225 venaient du Havre, à bord de 78 bâtiments;
9,647 de Brême, à bord de 77 bâtiments; 3,718 d'Anvers, à bord de 25 bâtiments;
2,525 de Hambourg, à bord de 24 bâtiments; 1,956 de Rotterdam, à bord de 13 bâtiments; et 495 de Gand, Londres et Liverpool, à bord de 5 bâtiments. La plupart se sont
dirigés vers les Etats du Midi. En 1844, il n'était arrivé à New-York que 17,999 émigrants allemands. (Voir pour l'émigration aux Etats-Unis, en 1847 et 1848, la *Revue britannique*, livraison de janvier 1849, page 14, *note*.)

8

avances qu'elle aurait faites pour lui procurer une habitation, des vivres et des outils. Ce payement aurait lieu par versements annuels et
proportionnés à la plus-value progressive que devrait acquérir chaque
année la propriété.

La première année tout entière ayant été employée à défricher et à
façonner la terre, on n'exigerait, pendant cette année, aucun payement
de l'actionnaire émigrant. Les versements annuels commenceraient à
la fin de la seconde année et auraient lieu suivant la progression indiquée dans le tableau suivant :

		Par année et par acre.
A la fin de la première année.......	0 fr.	00 c.
Id. de la seconde id.	1	25
Id. de la troisième id.	1	87 1 2
Id. de la quatrième id.	2	50
Id. de la cinquième id.	3	12 1/2
Id. de la sixième id.	3	75
Id. de la septième id.	4	37 1/2
Id. de la huitième id.	5	»
Id. de la neuvième id.	5	62 1/2
Id. de la dixième id.	6	25
Jd. de la onzième id.	6	87 1/2

40 fr. 62 c. 1/2

Ainsi, chaque acre de terre procurerait à la Compagnie, dans le
cours de onze années, un bénéfice net de 40 fr. 62 1/2 cent., soit,
pour les 700,000 acres, 28,437,500 francs dans le même laps de
temps.

La Compagnie fonderait autant de villages qu'il serait nécessaire, en
raison du nombre des colons. Chaque village serait établi sur un em-
placement sain et à proximité d'une rivière : il se composerait de deux
cents habitations, chaque habitation appropriée à l'usage d'une famille. La dépense d'un village serait de :

200 habitations, à 100 fr. chaque........................	20.000 fr.
Entretien pendant les six premiers mois et semences, à raison de 100 fr. par famille................	20.000
Eglises, magasins et écoles.............................	7.000
Dépenses imprévues.....................................	3,000

50.000 fr.

En divisant cette somme par le nombre de familles on trouvera que la dépense est de 250 francs par famille, remboursables en dix années, comme il est dit ci-dessus. Supposons maintenant que, dans le cours de dix années environ, la Compagnie ait fondé 175 villages, contenant 35,000 familles : la dépense aura été de 8,750,000 francs, qui lui seront remboursés successivement au moyen des versements annuels progressifs. Cependant, comme chacune de ces familles aura pu acheter et payer ces vingt acres de terre de la manière qu'il a été dit plus haut, la Compagnie aura reçu, pour 700,000 acres, la somme de 28,437,500 francs ; si l'on en déduit les 8,750,000 francs qu'il aura fallu avancer pour la construction des villages, et dont le remboursement aura lieu ultérieurement, il restera encore un bénéfice net de 19,687,500 francs, sans parler de l'intérêt reçu sur les capitaux avancés. Remarquons d'ailleurs que les colons étant en même temps actionnaires se seront, par le fait, payé à eux-mêmes ces 19,687,500 fr. : il y aurait ainsi fusion complète d'intérêts entre les simples actionnaires et les colons, qui seraient également intéressés au succès de l'entreprise. Déduisant cette somme des 100 millions de francs nécessaires pour la construction du canal, le capital dépensé ne serait plus que d'environ 80 millions, donnant, ainsi qu'on l'a vu, un revenu annuel de 15 millions, c'est-à-dire de 18 p. 0/0.

Aujourd'hui, quand un colon va aux Etats-Unis, il n'y trouve pas d'habitation prête à le recevoir, pas d'avance des premiers fonds nécessaires, souvent même pas de travail. D'après notre plan, au contraire, il lui suffira d'une action pour être sûr de trouver, en arrivant en Amérique, une bonne habitation, des vivres pendant six mois, des terres fertiles, une communauté déjà formée ; une partie de l'argent qu'il aura payé pour l'achat de sa terre lui rentrera en sa qualité d'actionnaire, et, au bout d'une dizaine d'années, non-seulement cette terre ne sera plus grevée d'aucune charge, mais il y a tout lieu de croire que son action dans le canal et sa propriété foncière auront doublé de valeur.

Notre plan protège donc tous les intérêts ; le capitaliste réalise de grands bénéfices, et les émigrants participent à ces bénéfices, avec la certitude morale d'un avenir de prospérité. Ce pays négligé voit bientôt s'élever des villes florissantes, ses lacs se couvrent de navires, et sa richesse s'accroît avec les progrès de l'agriculture et du commerce.

L'Amérique centrale ne peut sortir de son état actuel de langueur qu'en suivant l'exemple des Etats-Unis, c'est-à-dire en commençant par emprunter à l'Europe des bras et des capitaux. Indépendamment des avantages de sa position géographique et de la fertilité de son sol, l'Etat de Nicaragua offre aux émigrants européens d'autres avantages qu'on ne rencontre pas aux Etats-Unis. Dans le nord de l'Amérique, la population s'est établie d'abord sur le littoral oriental, puis s'est étendue peu à peu dans l'intérieur. Tant que les terres incultes n'étaient pas éloignées de la mer, les émigrants européens trouvaient facilement du travail; mais il n'en est plus ainsi aujourd'hui, et il en résulte que les masses d'étrangers qui arrivent journellement aux Etats-Unis deviennent un fardeau pour la nation ; les terres incultes où ces aventuriers pourraient trouver à s'occuper sont maintenant à trois cents lieues de la côte, et les émigrants, dénués la plupart du temps des moyens de se rendre jusque-là, sont forcés de rester dans les villes du littoral, en proie à l'oisiveté et à la misère.

Dans l'Amérique centrale, ce serait le contraire. La population indigène s'est portée de préférence sur le littoral de l'océan Pacifique, abandonnant toute la partie du pays qui regarde l'ancien monde ; en sorte que, quand le pays sera en position d'appeler des colons et des travailleurs européens, ceux-ci pourront arriver par le canal sur des points déjà habités ; la population s'étendra peu à peu de l'ouest à l'est, et non pas, comme aux Etats-Unis, de l'est à l'ouest, se rapprochant ainsi de l'Europe à mesure qu'elle augmentera, et offrant toujours les mêmes facilités aux nouveaux colons, jusqu'à ce qu'ils aient atteint la limite extrême du pays.

La prospérité de l'Amérique centrale se rattache aux intérêts de la civilisation en général, et le meilleur moyen de travailler au bien-être de l'humanité, c'est d'abattre les barrières qui séparent les hommes, les races et les nations. C'est la marche qui nous est indiquée par le christianisme et par les efforts des grands hommes qui ont paru par intervalles sur la scène du monde. La religion chrétienne nous enseigne que nous sommes tous frères, et qu'aux yeux de Dieu, l'esclave est égal au maître, — de même que l'Asiatique, l'Africain, et l'Indien sont égaux à l'Européen. D'un autre côté, les grands hommes de la terre ont, par leurs guerres, mêlé ensemble les différentes races, et laissé derrière eux quelques-uns de ces impérissables monuments, tels que l'aplanissement des montagnes, le percement des forêts, la canalisation des rivières, monuments qui, en facilitant les communications, tendent à rapprocher et à réunir les individus et les peuples. La guerre et le commerce ont civilisé le monde. La guerre a fait son temps ; le

commerce seul poursuit aujourd'hui ses conquêtes. Ouvrons-lui une
nouvelle route. Rapprochons de l'Europe les peuplades de l'Océanie
et de l'Australie, et faisons-les participer aux bienfaits du christianisme
et de la civilisation.

Pour mener à fin cette grande entreprise, nous faisons appel à tous
les hommes religieux et intelligents, car elle est digne de leur zèle et
de leurs sympathies. Nous invoquons l'appui de tous les hommes
d'État, parce que toutes les nations sont intéressées à l'établissement
de communications nouvelles et faciles entre les deux hémisphères.
Enfin, nous nous adressons aux capitalistes, parce que, tout en prenant part à une entreprise glorieuse, ils ont la certitude d'en recueillir
de grands avantages pécuniaires.

ARTICLE DU JOURNAL LE TIMES SUR LE CANAL DE NICARAGUA.

La grande rivale de l'Angleterre, ce n'est plus désormais la France,
mais l'Union américaine, qui seule est ou sera bientôt en mesure de
lui disputer le sceptre maritime et commercial du monde. Nous avons
eu plusieurs fois l'occasion de parler du projet de chemin de fer à travers l'isthme de Panama, qui ferait des ports des États-Unis les entre-
pôts du commerce de l'Europe et de l'Asie orientale. La construction
d'un canal, au contraire, profiterait également à toutes les nations
commerçantes. Bien que les Américains soient plus directement intéressés à la construction d'un chemin de fer, ils comprennent aussi les
avantages majeurs d'une communication directe entre les deux Océans,
et, sans renoncer au chemin de fer, ils pensent qu'il n'y a point de
temps à perdre pour l'exécution d'un canal.

Quelque importante que soit pour les États-Unis la communication entre les deux mers, il est impossible de regarder un instant la
carte et de ne pas reconnaître que l'Angleterre y a un bien plus grand
intérêt encore. Un chemin de fer partant du Mississipi ouvrirait à
tous les États de l'Union une issue vers les mers orientales ; mais l'Angleterre n'a point la même ressource. Elle doit se creuser un canal à
travers l'isthme, ou se contenter des vieux passages par le cap Horn et
le cap de Bonne-Espérance, ou bien encore décharger ses cargaisons
à Chagres et aller chercher dans un port américain un fret de retour.

Cinq routes diverses ont été proposées pour le canal : 1° l'isthme de
Panama, dans la République de la Nouvelle-Grenade ; 2° l'isthme de
Tehuantepec, province méridionale du Mexique ; 3° les lacs du Nica-

ragua, dans la république de ce nom ; 4° et 5° deux canaux partant
dug olfe de Darien.

Les trois premiers projets méritent seuls d'être passés en revue ; les
deux routes par le golfe de Darien n'ont jamais trouvé d'encouragement. Occupons-nous d'abord de l'isthme de Panama. Cet isthme, à
son point le plus rétréci, a moins de vingt milles de largeur ; mais,
sur ce même point, s'élève une crête montagneuse de 1,000 pieds de
hauteur, et ce n'est que dans le district situé entre Chagres, sur l'Atlantique, et Panama, sur la mer Pacifique, où la largeur directe de
l'isthme est de 33 milles, qu'il est possible de pratiquer un passage.
La première concession accordée par le gouvernement grenadin à
Charles Biddle, des États-Unis, n'ayant pas été suivie d'effet, une
maison française de Panama, Salomon et Cⁱᵉ, en obtint une autre en
1838. Cette maison fit lever des plans par un ingénieur nommé Morel ;
un acte de société fut ensuite dressé et un appel fait aux capitalistes.
Les termes de la concession n'étaient pas encourageants. Le gouvernement grenadin accordait les terres et les priviléges nécessaires à
l'entreprise pour soixante ans ; mais non-seulement la propriété du
canal revenait à l'État à l'expiration de cette période, mais les vaisseaux de la république devaient jouir d'une réduction de 10 pour cent
sur les péages imposés aux autres nations. La concession stipulait, en
outre, un prélèvement de un pour cent sur les bénéfices annuels de la
Compagnie, prélèvement applicable au payement des intérêts de la
dette étrangère.

D'après le plan de Salomon et Cⁱᵉ, les rivières Chagres et Trinidad,
qui se jettent dans l'Atlantique, devaient être unies par un canal de
25 milles à la rivière Tarfan, qui se verse par le Rio-Grande dans la
mer Pacifique. La longueur totale du trajet, y compris les détours des
rivières, est de 50 milles, et le point le plus élevé du sol n'a que
33 pieds au-dessus du niveau des rivières. Les matériaux nécessaires
à la construction, la pierre de taille, l'argile, la chaux, le bois abondent dans les environs. Le canal devait avoir 160 pieds de large et
22 pieds de profondeur, ce qui le rendait navigable pour des navires
de 1,200 à 1,400 tonneaux. Il devait être achevé en huit ans, et on évaluait la dépense à 3,475,000 dollars, ou 695,000 £ (17,375,000 fr.).
On comptait sur un tonnage annuel de 499,809 tonneaux, et le péage
étant de deux dollars par tonneau, la recette devait s'élever à
999,618 dollars, ce qui, déduction faite de 235,000 dollars pour les
frais d'exploitation, laisserait aux actionnaires un dividende de

764,618 dollars, ou 3,923,090 fr. L'évaluation des bénéfices ne paraît pas avoir été exagérée ; on s'était peut-être déguisé en partie les difficultés de l'entreprise. Les deux ports auxquels devait aboutir sur les deux mers la ligne de communication étaient bons et biens situés ; mais le pays traversé par le canal ne se recommandait par aucun avantage particulier ; le climat en était très-malsain.

La seconde route est celle de l'isthme de Tehuantepec ; la largeur directe de cet isthme est de près de 150 milles. Un privilége ayant été accordé, en 1842, à don Jose de Garay, pour la construction d'un canal, il en fit lever le plan par un ingénieur italien, le signor Moro. Cet ingénieur voulait mettre à profit la rivière Coatzacoalcos, dont l'embouchure a été si longtemps désignée comme le point le plus favorable de tout le golfe du Mexique pour un grand entrepôt, par suite de l'abondance du bois de construction, de la commodité et de la sécurité du port. Le Coatzacoalcos est plus ou moins navigable sur un parcours de 160 milles. Viendrait ensuite le canal, de 50 milles, qui aurait à monter une pente de 325 pieds, jusqu'au plateau de Tarifa, et à descendre une pente de 600 pieds, depuis Tarifa jusqu'à la mer Pacifique. La partie du canal qui traverserait le plateau serait alimentée par une tranchée faite à deux rivières qui descendent des montagnes et vont se jeter dans la même mer. Le canal aurait 20 pieds de profondeur et 122 pieds de largeur ; il faudrait établir 150 écluses. Les dépenses, calculées d'après celles du canal Calédonien, s'élèveraient à 3,400,000 £.

Un des grands avantages de cette route est la salubrité du pays qu'elle traverse, salubrité sans égale, dit-on, sur tout le continent américain. La population se compose des plus industrieuses et des plus saines peuplades indiennes. Outre la fertilité du sol et la beauté des forêts, ce pays offrait encore, avant la découverte de la Californie, l'attrait de riches mines d'or et d'argent situées dans les montagnes, mais qu'on dédaignerait aujourd'hui d'exploiter.

La troisième et la plus intéressante des routes projetées est celle du ac de Nicaragua. Un plan pour la construction d'un canal nicaraguien avait été encouragé par le roi de Hollande en 1830 ; mais les événements politiques empêchèrent ce prince d'y donner suite. En 1842, l'attention du prince Louis Bonaparte, alors prisonnier au château de Ham, fut appelée sur le même objet par un Mémoire dû à un Français résidant à la Jamaïque. Plus tard, le prince reçut la visite d'un officier de la marine française qui partait pour l'Amérique centrale, et le pria d'examiner sur les lieux mêmes ce qu'il pouvait y avoir de praticable dans le projet. Les observations de l'officier devinrent la matière d'une brochure du prince publiée à Londres, il y a deux ans, et tirée à un très-petit nombre d'exemplaires.

Il résulte de cette publication qu'en 1846, le gouvernement de Nicaragua accorda des pleins pouvoirs au président actuel de la République française pour l'exécution du canal projeté, et que, convaincu des grands services que ce canal devait rendre au commerce de toutes les nations, Louis Bonaparte avait résolu de partir de Londres et de se mettre à la tête de cette grande opération. La Providence l'appelait à une mission plus haute encore.

II.

DE L'ÉQUILIBRE DU NOUVEAU MONDE.

(EXTRAIT DE LA REVUE CONTEMPORAINE),

15 JUIN 1856,

Par M. Félix Belly.

I.

Il y a quelques mois, au moment où toute l'Europe avait les yeux tournés du côté de l'Orient et attendait avec anxiété le dénoûment d'une lutte gigantesque, des rumeurs menaçantes nous sont arrivées tout à coup de l'autre côté de l'Océan. La presse des États-Unis venait de déchaîner toutes ses colères contre l'Angleterre; le gouvernement de Washington prenait une attitude hautaine; l'opinion dominante de l'autre côté de l'Atlantique semblait disposée à courir les risques d'une rupture, et, à en juger par le langage même des journaux semi-officiels, la guerre était imminente entre les deux pays. — Plus tard, il est vrai, toute cette ardeur fiévreuse est tombée devant la réflexion; des négociations se sont engagées; les efforts les plus honorables ont été tentés de part et d'autre dans un but de conciliation. Cependant ces efforts ont échoué. La situation est aujourd'hui plus tendue que jamais; la question a même pris tout à coup une gravité telle qu'elle est devenue, par la conclusion de la paix européenne, la plus grosse question de l'avenir, le véritable problème de l'équilibre du monde.

Au premier abord, nous devons le dire, rien ne semblait indiquer, dans le conflit qui nous occupe, de si vastes proportions. Il ne s'agissait officiellement que de quelques hommes enrôlés aux États-Unis par des agents anglais, en violation des lois de neutralité, et d'une double interprétation du traité Clayton-Bulwer, relativement aux établissements britanniques sur les côtes de l'Amérique centrale. Or, pour le premier de ces griefs, à supposer qu'il fût fondé, l'Angleterre avait donné spontanément des explications telles, que ses plus implacables ennemis auraient pu s'en contenter. Pour le second point, elle avait offert de s'en remettre à la décision d'une tierce puissance, dont les deux parties s'engageaient à subir la décision. Mais l'insuccès même de ces démarches prouve l'importance des intérêts engagés. Nous avons aujourd'hui toutes les pièces du procès ; les enseignements qui en découlent sont aussi significatifs que possible. L'amertume des lettres échangées, le ton passionné de certaines déclarations, les principes si souvent proclamés au Congrès, et les conclusions qu'en tire tous les jours la presse américaine, ne laissent aucun doute sur le fond même du débat. C'est la doctrine Monroë qui se traduit pour la première fois en actes formels vis-à-vis de l'Europe ; c'est la suzeraineté de tout le nouveau monde réclamée par une république envahissante ; ce sont des prétentions qui menacent à la fois l'indépendance des républiques voisines, l'autonomie de la race espagnole et la liberté commerciale du globe. Vue ainsi, et c'est ainsi qu'elle doit être vue, cette nouvelle question d'Orient mérite qu'on s'en occupe. C'est grâce à l'indifférence trop prolongée des peuples occidentaux que la Russie a pu se dresser un jour comme une menace pour leur sécurité. Il ne faudrait pas qu'une indifférence aussi funeste amenât plus tard des complications d'autant plus redoutables qu'elles se produiraient au milieu de toutes les prospérités du commerce, de l'industrie et du crédit international.

Pour le moment, les négociations ouvertes sont rompues ; mais à côté d'elles les événements ont marché. L'Amérique centrale est depuis, quelques mois, le théâtre d'une révolution sans exemple dans l'histoire moderne. Un gouvernement national et légitime a été supprimé, du jour au lendemain, par une invasion d'aventuriers sortis des ports de l'Union. Deux membres de ce gouvernement ont été fusillés au nom du droit brutal de la conquête et après un dérisoire conseil de guerre des conquérants. Toutes les forces du pays ont été confisquées au profit de l'invasion ; toute manifestation indigène a été violemment comprimée ; et pour couronner cet exploit de boucaniers (c'est le mot dont s'est servi M. Clayton pour le flétrir à la tribune du Congrès), le chef de l'entreprise agit aujourd'hui comme si tout le Centre-Amérique lui appartenait. Une république sage, laborieuse, prospère, qui donne

depuis quinze ans l'exemple de l'ordre sous une administration pater-
nelle, Costa-Rica, se voit menacée dans son existence par une attaque
de ces condottieri. Le royaume des Mosquitos, acquis depuis deux
siècles au patronage de l'Angleterre, lui a été enlevé, sans plus de fa-
çons, par un simple décret dn trop fameux Walker ; et, au moment
où nous écrivons, malgré deux victoires successives des Costa-Riciens,
personne ne peut dire ce qu'il sortira de cette violation flagrante et
presque incroyable de toutes les lois divines et humaines.

Or, pour tous ceux qui ont suivi avec attention le développement
de l'activité inquiète des Américains du Nord, l'expédition du Nicaragua n'est ni un fait isolé, ni un effet sans cause. Vingt tentatives du
même genre accusent la même impulsion, révèlent les mêmes plaies
morales, découvrent le fonds vaseux de la civilisation trop vantée des
Etats-Unis. Ce que les pièces diplomatiques ne disent pas, les événements récents nous l'apprennent. Aucune démonstration ne saurait
être plus lumineuse et plus concluante. C'est donc à la lueur de ces
événements qu'il convient d'étudier les difficultés actuelles. Le sujet
pourra en être élargi ; les destinées futures de l'Amérique entière pourront réclamer peut-être une solution plus hardie que celles qui ont été
mises en avant jusqu'ici ; des intérets internationaux, un peu oubliés,
réclameront peut-être quelques mesures de prévoyance de la part des
cabinets européens. Mais, du moins, la vérité tout entière sera connue.
Le différend anglo-américain nous apparaîtra tel qu'il est ; et il deviendra évident pour tout le monde que, si le mal réel a plus de gravité qu'on ne le pensait d'abord, rien n'est plus facile du moins que
de le couper dans sa racine.

II.

Le premier sujet de plainte des Etats-Unis contre l'Angleterre est
sorti de quelques tentatives d'enrôlement faites sur le territoire de la
république par des agents anglais. Au fond, la querelle n'avait pas la
moindre importance ; elle devait raisonnablement tomber devant une
simple explication. Et, aujourd'hui que la correspondance des deux
cabinets est publiée, on ne comprend pas comment tout ce bruit a
duré si longtemps. L'Angleterre avait supposé, avec une certaine raison, que la neutralité du gouvernement des Etats-Unis n'enchaînait
pas le libre arbitre des individus, et elle s'était cru très-loyalement le
droit d'ouvrir une issue aux sympathies particulières qui lui offraient

de combattre pour sa cause en Crimée. Sans doute, sa théorie, prise au point de vue général, pouvait être contestée; mais s'il est un pays où elle fût applicable, c'est certainement le pays de la liberté individuelle illimitée. En présence d'ailleurs du peu d'homogénéité de la population américaine, il paraissait impossible qu'on soumît à une neutralité rigoureuse des Allemands et des Irlandais nouvellement débarqués, qui n'avaient pas encore perdu leur nationalité primitive.

Forte de ces considérations, l'Angleterre, qui avait besoin de soldats, et qui venait d'être autorisée par son Parlement à en recruter partout où elle en trouverait, en a cherché dans les villes des Etats-Unis, comme elle en cherchait en Allemagne et en Italie. Mais, pour ne compromettre en rien la neutralité officielle des Américains, elle avait établi les bureaux d'enrôlement sur son propre territoire, à Halifax, dans la Nouvelle-Ecosse. C'est sur ce point que devaient être dirigés les volontaires; c'est là seulement que se passaient les contrats. La mission des agents anglais dans l'intérieur de la Confédération n'avait donc aucun caractère public. Elle suivait à la lettre les prescriptions de la loi fédérale, qui ne défend pas aux citoyens de l'Union de prendre du service à l'étranger, mais qui interdit le recrutement sur le sol même de la république. On avait donné, de plus, pour instruction stricte aux fonctionnaires de la Grande-Bretagne chargés de cette mission, comme l'a reconnu depuis M. Pierce dans son message du 31 décembre 1855, de s'abstenir de toute infraction aux lois intérieures et municipales des Etats de l'Union.

Tant des précautions et de réserve semblaient devoir écarter l'ombre même d'un conflit. Les premières opérations, en effet, se sont passées de la manière la plus régulière et la plus inoffensive; et le gouvernement de Washington ne paraissait pas d'abord songer à s'y opposer. Mais aux Etat-Unis, c'est l'opinion, vraie ou factice, qui gouverne; c'est par des agitations qu'on entraîne ou qu'on modifie les directions politiques. L'éveil avait été donné par des journaux hostiles. Il se fit un grand bruit autour de la prétendue violation de la neutralité. Le gouvernement alors intervint, et des représentations furent adressées au cabinet de Londres; mais ce dernier, qui n'avait jamais eu l'intention de porter la moindre atteinte aux institutions américaines, prit aussitôt une détermination qui témoignait victorieusement de sa bonne foi. Sans s'arrêter à discuter l'interprétation du ministre américain, il donna ordre aux agents anglais de suspendre les opérations commencées, et il déclara hautement que le gouverne-

ment de la reine ne voulait même pas que la question de leur légalité
pût être soulevée.

Une satisfaction aussi entière et aussi spontanée ne pouvait être
suspectée. La réclamation des États-Unis avait été formulée le 15 juin
1855, dans une lettre de M. Marcy à M. Buchanan, et transmise par
ce dernier à lord Clarendon. La réponse de lord Clarendon, qui pro-
teste de son respect pour les lois de la république et qui annonce la
suspension des enrôlements, porte la date du 16 juillet, et ses déclarations explicites, vingt fois reproduites par la presse anglaise, avaient
été corroborées encore dans la séance de la Chambre des communes
du 3 août, par une déclaration analogue de lord Palmerston. Il était
difficile de pousser plus loin la reconnaissance d'un droit contesté et
l'excuse d'un tort involontaire. Entre particuliers, de pareilles explications auraient effacé l'injure la plus grave ; entre gouvernements,
elles devaient être acceptées comme la plus honorable et la plus
complète réparation. Le représentant des États-Unis à Londres,
M. Buchanan, en jugea ainsi, comme le constate sa correspondance
avec lord Clarendon. Mais M. Buchanan, aussi bien que l'Angleterre,
avait compté sans les passions surexcitées, sans le rôle actif des agents
de la Russie et sans cette effervescence trop facile aux démocraties
souveraines, au milieu desquels les idées justes et saines font trop
souvent naufrage. Toujours est-il qu'au moment où le débat paraissait
terminé, il acquit tout à coup une intensité et une violence hors de
proportion avec son objet. Plusieurs procès avaient été intentés aux
agents anglais soupçonnés de provoquer des enrôlements ; et presque
toujours, après la plus minutieuse instruction, ces agents avaient été
acquittés. Mais il arriva une fois que, sur le témoignage d'un aventurier perdu de mœurs et de réputation, un accusé fut déclaré coupa-
ble. La même influence qui avait suscité la délation prit texte alors du
verdict de la justice pour faire remonter la responsabilité du délit
jusqu'aux représentants commerciaux et politiques de l'Angleterre,
jusqu'à la personne même de M. Crampton, ministre britannique à
Washington. On s'efforça de prouver, par des correspondances fort
peu explicites et par des témoignages au moins suspects, que le recrutement n'avait jamais été suspendu sérieusement ; *qu'il se poursui-*
vait, au contraire, *d'après un plan systématique, arrêté par une autorité*
officielle, et que les opérations avaient lieu sous la surveillance et avec
le concours régulier des fonctionnaires anglais [1]. M. Crampton eut beau

---

(1) Extrait du dernier message du président des États-Unis.

se retrancher derrière les plus fermes dénégations; le cabinet de
Londres eut beau déclarer sur tous les tons qu'il avait toujours res-
pecté les lois intérieures de l'Union, quelles qu'elles fussent, et que
ses renseignements particuliers lui imposaient le devoir d'infirmer
l'accusation qu'on faisait peser sur ses agents; la passion du moment
l'emporta; M. Pierce, dont nous venons de citer les propres paroles,
épousa cette cause désespérée. On demanda pour réparation à l'Angleterre le rappel de M. Crampton. La Chambre des représentants et le
Sénat lui-même retentirent de discours exaltés et de menaces de
guerre. Et depuis six mois que cette seconde phase du conflit se prolonge, elle n'a pas cessé un moment de tourner dans le même cercle
vicieux : d'un côté, l'administration américaine soutenant que la neutralité a été violée et que justice doit être faite des agents compromis;
de l'autre, le gouvernement anglais récusant l'accusation portée
contre ses fonctionnaires, au nom d'une enquête ultérieure, et décla-
rant d'ailleurs que, dans tous les cas, ses excuses, franchement
offertes, doivent effacer tous ses torts, fussent-ils plus positifs et mieux
prouvés qu'ils ne le sont en réalité.

Évidemment, si l'Europe apportait dans le règlement de ses affaires
la même obstination aveugle à repousser de loyales explications, tout
le vieux continent serait en feu, et le Congrès de Paris n'aurait pas
abouti. Aussi, faut-il chercher le secret de la pensée américaine dans
un ordre de faits d'une nature particulière, lequel nous servira de fil
conducteur à travers toutes les péripéties de son histoire. Il s'est
formé aux États-Unis, depuis un certain nombre d'années, dans la
partie la plus hardie et la plus remuante de la population, un levain
de jalousie profonde contre l'Angleterre, ou plutôt contre l'Europe
occidenta'e. Ce sentiment a pris sa source dans une rivalité de puissance, d'industrie et de position; il a grandi à l'ombre de la doctrine
Monroë; il s'est fortifié de toutes les haines individuelles apportées
par les émigrants, et de toutes les irritations produites par le contact
inévitable des deux mondes, et il était devenu presque une théorie
nationale quand la guerre a éclaté entre les alliés et la Russie. On a
vu alors se produire contre nous un mouvement d'opinion qui serait incroyable s'il n'était attesté par le langage de la presse, par vingt
discours au Congrès et par un ensemble d'actes aussi concluants. Tant
que la guerre a duré, la majorité des citoyens de la grande république,
n'a déguisé ni ses sympathies pour le czar, ni ses vœux ardents pour
le succès de ses armes. Elle a donné ainsi l'étrange spectacle du pays

le plus fier de ses institutions libérales, prenant parti pour la puissance qui représente les principes les plus opposés, dans une lutte où cette puissance avait pour adversaires les défenseurs naturels de la civilisation et de la liberté moderne.

Était-ce conviction sincère de la légitimité des prétentions russes? Personne n'a osé jusqu'ici le soutenir. Était-ce concordance secrète entre les systèmes en apparence si divers qui triomphaient à Saint-Pétersbourg et à Washington? Cette pensée s'est présenté à l'esprit de bien des gens, et elle se justifie à demi par le parallélisme frappant du servage moscovite et de l'esclavage américain. Mais il n'est pas besoin de chercher des raisons si haut quand il s'agit du peuple le plus pratique dans ses tendances et le plus brutalement matérialiste dans ses sentiments. C'était son intérêt; voilà le véritable mobile de ses préférences. L'abaissement de la France et de l'Angleterre eût laissé le champ libre à ses convoitises; peu lui importait dès lors les principes supérieurs au nom desquels on se battait. Les esprits élevés, et il y en a partout, protestaient bien de toutes leurs forces contre ce courant égoïste; mais les masses n'écoutaient que la voix sauvage les appelant à la conquête et à l'exploitation du nouveau monde. Il y a plus d'une analogie vengeresse entre les conséquences de la doctrine Monroë, qui attribue l'Amérique entière aux États-Unis, et celle de la tradition issue de Pierre le Grand, qui prédestinait la Russie à la domination universelle. Quand de pareils rêves s'emparent d'une nation, ils y étouffent tout sens moral. Les principes alors n'ont plus d'empreinte. On les invoque quand ils sont utiles; on les foule aux pieds quand l'intérêt l'exige. La souveraineté du but devient l'unique loi, et la perturbation morale qui en résulte pour l'esprit public acquiert d'autant plus d'intensité que le milieu où elle se produit laisse plus de liberté à la passion.

Ainsi expliquée, l'affaire des enrôlements paraît toute simple. La Russie ne ménageait ni son influence ni ses trésors pour susciter de nouveaux embarras aux puissances occidentales. Elle a trouvé aux Etats-Unis le terrain préparé et elle en a profité. Il a été constaté par l'enquête de l'Angleterre que plusieurs témoins suspects du dernier procès recevaient de l'argent des agents du czar. Les deux pays se traitaient d'ailleurs de la manière la plus amicale. Toute l'Europe a retenti de l'offre faite par le gouvernement de Washington d'acheter l'Amérique russe pour soixante millions de dollars, et de fournir ainsi à notre ennemi des ressources financières inattendues. Et ce qui donne

la mesure de l'impartialité américaine dans l'interprétation des lois
de neutralité, c'est qu'au moment même où l'on provoquait une rupture avec l'Angleterre pour des actes douteux qu'elle désavouait, des
contrats publics, ayant le caractère de contrebande de guerre, étaient
conclus sur le territoire de l'Union pour transporter en Russie des
armes et des munitions, et des enrôlements d'un ordre supérieur se
faisaient ostensiblement à Washington pour le compte du czar et par
les soins de son ministre. La presse américaine n'a pas même eu la
pudeur de se taire sur ces violations flagrantes, qui lui semblaient
toutes naturelles. Elle s'en est félicitée comme d'un triomphe ; elle a
enregistré minutieusement tous les faits de même nature qui prou-
vaient l'entente cordiale des deux peuples ; et c'est à elle que nous devons de savoir que MM. James Thompson et John Ellwoot avaient
été engagés au service de la Russie, le premier comme ingénieur en
chef de la marine, le second comme premier lieutenant de l'armée,
et tous les deux par l'intermédiaire personnel du ministre russe à
Washington. Comme on le voit, il est impossible de se faire illusion
sur la portée réelle du conflit relatif au recrutement. Examiné dans ses
termes, c'est un malentendu regrettable qu'un seul mot devait effacer ;
examiné dans son esprit, c'est la lutte inévitable de deux principes, de
deux influences, de deux virtualités qui se sont rencontrées de l'autre
côté de l'Atlantique. Sous ce dernier rapport, la question des enrôlements ne peut être séparée de celle du traité Clayton-Bulwer. Toutes
les deux ont donné naissance aux mêmes manifestations ; c'est la
même solution qui doit les trancher toutes les deux ; et l'examen de
cette seconde partie du problème anglo-américain convaincra les plus
incrédules qu'il y a urgence d'aviser, et qu'on ne résout pas de pareilles difficultés avec des notes diplomatiques.

III.

Le traité de Clayton-Bulwer, dont l'interprétation sépare aujourd'hui
les deux puissances qui l'ont conclu, porte dans sa date et dans ses
principales dispositions, comparées avec la situation actuelle, la preuve
des ravages hâtifs de certains entraînements quand on leur laisse libre
carrière. Signé à Washington, le 19 avril 1850, par M. Clayton, au nom
des Etats-Unis, et par M. Bulwer, au nom de l'Angleterre, ce traité
avait pour but avoué de constituer l'indépendance du territoire centre-

américain, et, par contre, la neutralité de tous les passages interocéaniques qui seraient ouverts sur ce territoire. Dans ces termes, c'était une convention extrêmement libérale, tout à l'avantage du commerce du monde entier. Elle établissait d'avance, pour le canal futur de l'isthme de Panama, ce qu'on a décrété depuis pour celui de l'isthme de Suez. Elle conviait toutes les nations à garantir solidairement l'inviolabilité de la route commune de leurs produits et de leurs intérêts. Elle posait enfin un principe généreux, qui a été adopté sans conteste dans toutes les conventions ultérieures, et qui, trois ans plus tard, recevait une nouvelle consécration dans le traité du 21 mars 1853, signé entre le Mexique et les Etats-Unis, pour établir la libre franchise d'une voie de communication concédée par l'isthme de Tehuantepec.

Mais si l'objet ostensible du traité Clayton-Bulwer méritait des applaudissements sans réserve, les motifs secrets qui l'avaient dicté témoignaient d'une situation difficile et de défiances réciproques. Au fond, les Etats-Unis voulaient empêcher l'Angleterre de mettre la main sur le Nicaragua, où celle-ci avait déjà pris possession de Grey-Town et où le protectorat de la Mosquitie lui créait un droit dangereux d'intervention. L'Angleterre, de son côté, qui pressentait le génie envahisseur des Américains, et qui les voyait s'établir sur tous les passages, sous prétexte de chemins de fer ou de canalisation, était bien aise de sauver au moins son commerce de cet envahissement, en constituant la neutralité de la route future de ses vaisseaux. Or, l'article 1er de la convention résume toutes ces craintes et prévient toutes ces complications. Il décrète qu'*aucun des deux gouvernements n'occupera, ne fortifiera, ne colonisera, ne prendra et n'exercera aucune domination sur le Nicaragua, Costa-Rica, la côte des Mosquitos, ou toute autre partie de l'Amérique centrale.* L'Angleterre s'interdisait, par ce fait, tout établissement nouveau le long des rivages du Honduras, dont les magnifiques forêts d'acajou l'avaient toujours séduite ; mais elle élevait du même coup une barrière légale contre le débordement prévu d'une ambition sans limites et sans contrepoids. Les deux contractants étaient ainsi amenés à formuler la déclaration la plus généreuse et la plus civilisatrice, dans le seul but de s'obliger réciproquement à respecter l'inviolabilité d'un territoire neutre.

Cependant, soit oubli, soit calcul, on avait laissé dans le traité une lacune qui était une porte ouverte à l'interprétation, et qui, en effet, a servi de prétexte aux difficultés actuelles. L'Angleterre possède, de temps immémorial, le protectorat du royaume des Mosquitos et plusieurs autres stations moins importantes sur la côte orientale du Honduras. On appelle Mosquitie une bande de terre de 5 à 600 kilomètres de longueur sur 35 à 40 de largeur, qui borde l'océan Atlantique, de Grey-Town au cap Gracias a Dios, et qui est géographiquement comprise dans le territoire de Nicaragua. Les droits de l'Angleterre sur cette portion du Centre-Amérique n'ont jamais été bien définis; mais ils datent de loin. Ils remontent aux derniers efforts des Indiens Mosquitos pour conserver leur indépendance contre les Espagnols. Cromwell venait d'envoyer une flotte à la conquête de la Jamaïque; le roi de ces Indiens, d'accord avec les principaux chefs de son peuple, réclama la protection de l'Angleterre, qui la lui accorda. Depuis, tant qu'a duré la domination espagnole, et, plus tard, sous le régime de l'indépendance, le gouvernement anglais a toujours reconnu un roi mosquito de race indienne, dont le dernier a même légué ses Etats à la reine Victoria. Nous ne disons pas que cette reconnaissance fût très-loyale. Le Honduras et le Nicaragua ne l'ont jamais acceptée. Mais enfin, elle est antérieure à toutes les révolutions modernes de l'Amérique, et, en l'absence de titres contraires, on peut regarder les prétentions britanniques comme consacrées par une espèce de prescription internationale. Quant aux autres possessions anglaises sur cette côte, elles se composent de l'établissement de Belize dans le Yucatan, d'un petit territoire situé entre le Sibun et la Sarstoon, dans le Honduras, et de quelques îles voisines; et leur légitime occupation n'était pas contestée à l'époque du traité de 1850. Ce n'était d'ailleurs pour l'Angleterre que le siége d'une exploitation de bois de teinture et d'ébénisterie, régulièrement organisée dès 1783, en vertu d'une concession de l'Espagne, et tout à fait inoffensive au point de vue politique. Or, les Américains prétendent aujourd'hui que le maintien de cette occupation, aussi bien que le protectorat de la Mosquitie, constitue une violation flagrante de la neutralité convenue. Ils tirent de l'article 1er cette conclusion que les deux parties contractantes s'étaient engagées également pour le présent et pour l'avenir, qu'elles ont fait abandon, *ipso facto*, de tous leurs droits antérieurs comme de toutes leurs prétentions, fondées ou non fondées, et ils exigent que l'Angleterre se retire complétement du territoire du centre-américain, l'établissement de Belize excepté, sous peine de considérer eux-mêmes le traité comme non avenu, l'Amérique centrale à leur merci et les relations diplomatiques des deux pays comme rompues.

Lorsque M. Pierce a donné à cette thèse hautaine le retentissement de son dernier message, la discussion était fermée depuis longtemps. L'Angleterre avait repoussé, dès le premier jour, une interprétation qui lui imposait des sacrifices sans réciprocité. Elle soutenait que le traité *n'était que de pure prévision et ne pouvait exercer aucune influence sur l'état de choses existant avant sa conclusion.* Les Etats-Unis, de leur côté, avaient déclaré à plusieurs reprises qu'ils ne sortiraient pas de leur ultimatum. Il n'y avait donc aucune entente possible sur le fond même du différend. Les deux cabinets continuaient à protester de leurs intentions conciliantes et de leur désir sincère d'éviter une rupture également funeste aux intérêts des deux nations. Mais cette rupture existait de fait dans les termes de leur correspondance, et, dès l'année dernière, elle paraissait imminente dans les rapports mutuels. Lord Clarendon, sommé le 11 septembre, par une dépêche de M. Buchanan, de donner une dernière réponse à l'argumentation du gouvernement américain, avait déclaré, d'une manière catégorique, que l'Angleterre *ne voulait étendre ni les limites de ses possessions, ni la sphère de son influence dans l'Amérique centrale, mais qu'elle n'était pas disposée à restreindre l'une ou l'autre par suite d'une interprétation à laquelle elle ne pouvait s'associer* (1).

C'est dans cette situation, aggravée encore par le ton du message, par les théories absolues de la presse américaine et surtout par la marche des événements, que le cabinet de Londres proposa à celui de Washington de s'en rapporter à l'arbitrage d'une tierce puissance. Dans nos idées européennes, rien n'était plus logique que cette proposition. C'était même la seule combinaison de forme qui pût tourner la difficulté du fond en la limitant. La raison publique du monde civilisé devenait ainsi le juge désintéressé de deux interprétations contraires, qui se rattachaient à trop d'intérêts pour ne pas être un peu partiales. Mais, il faut le reconnaître, on ne limite pas des intérêts de cette nature avec une simple définition de termes ; on ne réduit pas à une question de jurisprudence un conflit qui touche aux entrailles mêmes d'une nation. Nos idées européennes ne sont d'ailleurs plus de mise de l'autre côté de l'Océan. Nos notions de justice et de droit s'y trouvent subordonnées à un axiôme dominateur, né de l'orgueil et de l'égoïsme, en vertu duquel la grande république ne relève que d'elle-même. Déjà, en 1850, quand le traité Clayton-Bulwer fut signé,

_____

(1) Dépêche du 22 septembre 1855 à M. Buchanan, n° 182.

une fraction exclusive de l'opinion l'avait violemment désavoué au nom de ce principe. La minorité d'alors ne tolérait pas qu'on supposât à une puissance quelconque le droit d'intervenir, à quelque titre que ce fût, dans le règlement des affaires américaines. Or, cette minorité est devenue majorité. Les whigs, qui maintenaient à la fois la tradition morale et la solidarité fraternelle de l'Europe, ont fait place à une démocratie essentiellement personnelle, et surtout essentiellement matérialiste. Que pouvait devenir une proposition d'arbitrage tombant dans un pareil milieu? Elle devait être repoussée, et elle l'a été. Le gouvernement anglais a recommencé l'épreuve; il a prouvé par cette seconde invitation qu'il était disposé à toutes les concessions honorables pour conserver la paix. Mais le sort de la première démarche et les derniers événements politiques de Washington ont dû enlever toute illusion à ses hommes d'État.

Est-ce à dire que la question soit insoluble? Nous croyons, au contraire, qu'elle ne renferme pas une seule difficulté sérieuse. Seulement, pour être résolue, elle doit être posée, et jusqu'ici elle ne l'a pas été. Deux grandes nations qui vivent l'une de l'autre, qui échangent chaque année pour quinze cents millions de produits, ne peuvent pas rester sur le qui-vive, toujours à la veille d'une guerre fratricide! Il y a d'ailleurs une loi supérieure qui réclame ici son application. L'Europe, si justement fière de son droit public, si glorieuse surtout de son principe de solidarité internationale, peut-elle se faire la complice tacite d'une violation permanente de ce droit et de ce principe? Doit-elle regarder comme légitime en Amérique ce qu'elle ne tolérerait pas une heure chez elle. Nous ne disons pas encore qu'elle ait une œuvre nouvelle de justice à accomplir, mais elle a évidemment une loi morale à promulguer. Or, l'occasion ne saurait être plus opportune; la convention du 19 avril 1850 contient précisément les bases de l'ordre universel qu'il est urgent de faire prévaloir. En abordant franchement cette thèse souveraine, en ne reculant devant aucune des difficultés apparentes du problème actuel, nous verrons ces difficultés s'évanouir une à une, et la question se simplifier comme par enchantement, pour aboutir à une solution nécessaire, qui, une fois formulée, sauvera en même temps l'Europe d'une honte et l'Amérique d'une dépravation.

Il y a dans le conflit des interprétations, comme dans celui des enrôlements, deux éléments distincts : la lettre et l'esprit. C'est au nom de la lettre que l'arbitrage a été proposé; c'est au nom de l'esprit qu'on l'a repoussé. L'argumentation anglaise a eu le tort de s'enfermer dans le texte même du traité, mais dans ces bornes étroites elle était logique. Il est de règle, en effet, pour les actes de ce genre qui réclament l'abandon d'une position acquise, que cet abandon soit nettement stipulé, et non laissé à l'induction pure et simple. Or, rien dans la convention de 1850 ne faisait une loi à l'Angleterre de se retirer des points qu'elle occupait légalement. Ses établissements de Belize et des Iles de la Baie n'y sont pas même nommés. Le protectorat des Mosquitos y est au contraire reconnu implicitement par les États-Unis, qui ne demandaient au protecteur que de ne pas élever de fortifications sur le sol protégé. Les mesures convenues entre les deux pays ne réglementaient donc que l'avenir. Leur portée rétroactive n'est indiquée dans aucun article spécial ; et, si nous en jugeons par quelques actes ultérieurs, la pensée des Américains n'allait pas alors au delà du texte écrit. Il a fallu, en effet, une nouvelle convention du 30 avril 1852 pour définir la position de l'Angleterre vis-à-vis du roi des Mosquitos, et pour faire restituer le port de Grey-Town à l'État de Nicaragua; et lorsque, le 17 juillet de la même année, une proclamation de la Reine constitua en colonies les îles de Roatan, de Bonacca, d'Utilla, de Barbaras et d'Helena, qui forment les possessions de la baie de Honduras, si le parti démocrate de l'Union réclama au nom du traité de 1850 et posa, pour la première fois, la question qui s'agite aujourd'hui, il n'en resta pas moins acquis que l'administration whig, alors au pouvoir, reconnaissait complétement le droit de l'Angleterre à agir ainsi.

En s'en tenant donc simplement à la tradition diplomatique, corroborée ici par les faits, la formule du traité Clayton-Bulwer n'est explicite que pour l'avenir. Elle n'interdit que les tentatives nouvelles de conquête ou de colonisation; elle se tait sur les possesions acquises de temps immémorial. Ce n'est que plus tard qu'on a vu surgir une interprétation plus rigoureuse et des exigences plus absolues. Mais alors la situation respective des deux pays était complétement renversée. Un travail intérieur avait fait fermenter des hardiesses inattendues. Le mot d'ordre d'un parti égoïste tendait à devenir la théorie d'un gouvernement; le silence de l'Europe encourageait encore cette perturbation par la certitude de l'impunité. Il en est résulté l'esprit nouveau qui dirige les affaires et les protocoles de l'Union : le besoin de chasser les puissances européennes du sol américain en général et de l'Amérique centrale en particulier, sous le prétexte spécieux de garantir son indépendance. Eh bien ! soit. Nous prenons acte de ce but avoué qui est, en effet, très-conforme à l'esprit de la convention de 1850. Il faut que l'Amérique centrale soit un territoire neutre, inviolable, jouissant d'une indépendance complète, dût l'Angleterre renoncer à protéger un roi sauvage et ses dix mille sujets, dût-elle même se retirer, comme puissance publique, de ses petites colonies industrielles du Honduras. Mais est-ce bien de ce côté que se montre le danger réel? Sont-ce les violences britanniques qui menacent la sécurité et l'autonomie de la race hispano-américaine? L'Angleterre, nous le reconnaissons, a eu ses mauvais jours; elle n'a pas toujours été guidée par une stricte justice. Sa prise de possession de San-Juan de Nicaragua, en 1848, au nom de la souveraineté du roi des Mosquitos, n'était justifiée par aucun droit sérieux, et plusieurs fois son attitude dans ces régions a soulevé des défiances et des haines qui durent encore. En reconnaissant ces écarts historiques du gouvernement anglais, nous nous plaçons au point de vue de 1850, nous constatons le double fait des craintes de l'Union et des inquiétudes des petits gouvernements espagnols. Mais depuis qu'un règlement solennel est intervenu pour affranchir de toute domination étrangère la route future qui supprimera le cap Horn, de laquelle des deux parties contractantes sont venues les violations et les menaces? Au moment de la signature du pacte, l'Angleterre pouvait paraître le voisin le plus redoutable; six ans après, à l'heure où nous écrivons, le drapeau britannique serait salué partout comme un libérateur. N'est-ce pas dire que si l'esprit du traité Clayton-Bulwer a été méconnu, ce n'est ni à l'Angleterre ni à l'Europe qu'il faut s'en prendre? Elles n'ont eu que le tort de protéger, par leur indifférence, une œuvre machiavélique d'absorption dont la bruyante querelle d'aujourd'hui n'est elle-même qu'une phase nouvelle.

Qu'on parcoure, en effet, l'histoire de ces six années, et l'on verra monter, jour par jour, la vague des théories dissolvantes et des ambitions insatiables de la démocratie américaine. En 1850, il y avait encore une certaine réserve, une certaine pudeur officielle dans les manifestations de ce génie malfaisant. Le parti whig était aux affaires dans la personne du général Taylor et de son vice-président, M. Millard Fillmore. L'Union, d'ailleurs, subissait, à l'occasion de l'esclavage et du compromis de M. Clay, une crise intérieure trop absorbante pour avoir le temps de songer à son agrandissement. Et cependant, c'est à cette même date de 1850 que se rapporte la première expédition du général Lopez contre Cuba. L'échauffourée fut plutôt grotesque que dangereuse. L'autorité espagnole, qui s'était emparée de

Lopez, le traita avec assez de dédain pour le relâcher. Mais n'était-ce pas déjà un triste symptôme de la moralité des citoyens de la grande république, que ce fait d'une armée de cinq mille hommes, organisée en plein soleil, recrutée dans toutes les classes, et s'embarquant un jour pour un acte de brigandage comme pour une croisade méritoire, suivie des sympathies déclarées d'une partie de la population?

Depuis, le rôle extérieur des États-Unis n'a été qu'un défi permanent à tous les principes qui, de nos jours, sauvegardent l'existence et l'honneur des sociétés. Partout son irruption s'est produite avec les mêmes caractères d'égoïsme et de violence. Du détroit de Behring au cap Horn, de la mer des Antilles à l'archipel Polynésien, nous trouvons les traces de ses flibustiers sur tous les rivages dont la beauté pouvait les tenter. En 1851, nouvelle expédition de Cuba, cette fois heureusement punie par le supplice de Lopez, mais qui donna lieu, à la Nouvelle-Orléans et dans quelques autres villes, à des *meetings* désordonnés, plus dignes d'une tribu de barbares que d'un peuple civilisé. La *reine des Antilles* avait un grand attrait pour ces hommes qui trafiquent encore de l'espèce humaine. C'était un vaste débouché pour leur triste commerce. C'était surtout une magnifique étoile à ajouter au drapeau du sud, dont l'annexion de la Californie comme État libre venait de renverser la majorité. Posséder Cuba, n'importe à quel prix, était leur rêve d'or, et Lopez, l'aventurier, ne fut que l'instrument de ces avidités sans frein. Aussi, sa mort devint-elle le signal d'une organisation secrète dans laquelle entrèrent des sénateurs, des banquiers, des commerçants, des hommes politiques de huit à dix États, avec l'intention formelle de recommencer son entreprise. On croit rêver en assistant à ce spectacle d'une association d'hommes honorables dans un pareil but. Et cependant, nous avons vu plus tard la nation presque entière s'associer à ces exploits de boucaniers. Nous avons vu des ambassadeurs et des ministres réunis à Ostende poser en principe, dans des conférences restées célèbres, que Cuba devait appartenir à l'Union de gré ou de force, et que, si l'on ne pouvait pas l'acheter, il fallait la prendre. Le gouvernement de Washington n'a pas osé, il est vrai, consacrer alors de son approbation ce code inouï du brigandage international. Mais, pour ceux qui suivent la marche de sa politique, ce n'est qu'une question d'opportunité. A la première occasion, on se prononcera plus explicitement, et ce qu'on vient de faire pour Walter et le Nicaragua, conformément aux conclusions du même sénateur Soulé, le héros d'Ostende, nous indique d'avance ce qu'on fera pour Cuba.

Ces tendances, d'ailleurs, ne sont un mystère pour personne aux États-Unis. Dès 1852, à la veille de l'élection du candidat démocratique, M. Franklin Pierce, elles avaient été nettement exprimées au Congrès par les chefs du parti qui allait triompher. Dès 1852, la doctrine Monroë était acceptée comme la loi suprême des relations de l'Amérique du nord avec le reste du monde; un traité présenté par la France et l'Angleterre, pour garantir l'inviolabilité de Cuba, était formellement repoussé; et quand M. Pierce a pris possession du fauteuil présidentiel, le 4 mars 1853, l'Europe a pu prévoir qu'il amenait à sa suite des ambitions et des espérances incompatibles avec la règle comme avec le repos des nations. Un des premiers actes de son administration fut la nomination de M. Soulé à l'ambassade d'Espagne. Sa première difficulté extérieure, relativement à un territoire contesté sur la frontière du Mexique, donna occasion à M. Caleb Cushing, membre du cabinet comme attorney général, de se déclarer publiquement le partisan de l'annexion de Cuba et de deux provinces mexicaines. Sans doute le gouvernement lui-même n'allait pas aussi vite que son parti et ses conseillers. Mais on comprend quels encouragements de semblables démonstrations devaient donner à l'esprit d'aventure, dans un pays où abondent les existences déclassées, les réputations perdues, l'activité sans foi, et pour qui la liberté de l'individu n'est trop souvent que l'affranchissement de tout frein moral et social.

Aussi, voit-on dès ce moment se succéder les tentatives les plus hardies et les plus odieuses. Le colonel Walker, qui aujourd'hui ensanglante le Nicaragua de ses nouveaux exploits, commence son rôle de condottière par une expédition dans la basse Californie. Il s'empare de la capitale de cette province du Mexique, proclame son indépendance, s'en fait élire président, remplace le drapeau américain par celui de l'Union, et n'abandonne sa conquête, chassé par la population, qu'après l'avoir couverte de sang et de ruines. Ceci se passait à la fin de 1853. Le 14 septembre de la même année, un ministre américain, M. Borland, prononçait à Nicaragua un véritable manifeste annexioniste, dans lequel il invitait toute l'Amérique centrale à se ranger sous les lois fécondes de l'Union (1). Et quelques mois plus tard, le 13 juillet 1854, à l'instigation de ce même M. Borland et d'un autre agent consulaire des États-Unis, nommé Fabens, qui a joué dans cette inique

---

(1) Ce M. Borland a laissé une trace de sang à Greytown en faisant assassiner sous ses yeux le patron d'une barque indienne, dont les plaintes l'ennuyaient, et en assurant l'impunité à l'assassin, conformément à la tradition de tous les ministres américains.

affaire le rôle le plus abominable (1), le capitaine Hollins, se présentait devant Greytown, ville exclusivement commerciale, et, pour une réclamation pécuniaire, la détruisait de fond en comble par un bombardement. On se souvient de l'explosion d'indignation qui accueillit en Europe la nouvelle de cet acte sauvage. Le gouvernement de Washington, lui, en revendiqua hautement la responsabilité. Des intérêts privés considérables, français, anglais, italiens, espagnols, américains même, avaient été frappés ainsi d'une ruine complète ; ces intérêts attendent encore de la justice américaine la réparation qui leur est due.

---

(1) Le *Courrier des Etats-Unis* a publié, il y a quelques mois, la note et la lettre qui suivent :

« Une lumière éclatante et complète vient de se faire sur le fameux bombardement de Greytown. Malgré tous les faits allégués en faveur de ce monstrueux abus de la force dans les journaux semi-officiels et dans le message présidentiel du 4 décembre 1854, la publication d'une simple lettre réduit cet acte de prétendues représailles aux proportions d'une sanglante préméditation. Cette lettre de M. Joseph G. White, président de la compagnie de transit du Nicaragua, est adressée à M. J. W. Fabens, alors agent des États-Unis à Greytown. En voici la traduction littérale :

« Bureaux de la ligne de Nicaragua, New-York, 16 juin 1826.

« *A Monsieur J. W. Fabens, agent consulaire des E.-U., à Greytown.*

« Monsieur le capitaine Hollins, commandant de la corvette *Cyane*, part lundi. Vous verrez par ses instructions, que je transcris en marge, qu'il faut espérer que cette attitude ne s'emploiera pas à montrer la moindre pitié pour la ville et la population.

« Si ces misérables sont sévèrement châtiés, nous pouvons prendre possession de la ville, la réédifier pour être le centre de nos affaires, y placer des fonctionnaires à nous, transférer la juridiction, et *vous savez le reste.*

« Il est de la dernière nécessité que la population apprenne à nous craindre. Le châtiment lui servira de leçon. Ensuite, vous pourrez vous entendre avec lui pour l'organisation d'un nouveau gouvernement et des fonctionnaires dont il doit se composer. A présent tout dépend de vous et de Hollins. Celui-ci est sûr; il comprend parfaitement l'outrage qui a été commis; il n'hésitera pas à en tirer satisfaction.

« J'espère savoir de vous que tout a été bien exécuté.

« Je suis, J.-L. WHITE. »

De plus, dans une réclamation adressée au Congrès des Etats-Unis, nous lisons l'épisode suivant du bombardement de cette malheureuse ville :

« Ce fut alors que le commandant de cette frégate envoya à terre une cinquantaine d'hommes avec drapeaux et officiers en tête. M. Fabens, consul de l'Union, mais alors en plein exercice *de ses fonctions*, marchait également en tête de la colonne, dont les hommes, à quatre heures de l'après-midi, incendièrent, *la torche à la main,* et maison par maison, la ville entière, et à six heures du soir cette œuvre de lugubre et déplorable destruction, qui désormais plongeait dans la misère cinq cents habitants paisibles et inoffensifs, cette œuvre inqualifiable était consommée !!! »

Et pendant que le port principal de l'Amérique centrale, la tête de pont du canal projeté de Nicaragua, devenait ainsi le théâtre d'un inqualifiable attentat, l'intimidation et la corruption pressaient, à Honolulu, en pleine Polynésie, la conclusion d'un traité qui livrait les îles Sandwich aux Etats-Unis. Il n'a fallu rien moins que la mort du roi régnant et la haine jurée aux Américains par son successeur, Kamehameha IV, pour empêcher ou plutôt pour ajourner cette prise de possession de l'archipel hawaïen. Les mêmes moyens étaient employés à Saint-Domingue, auprès du président Santana, dans le but d'obtenir une station navale dans la baie de Samana, l'une des plus belles du monde, c'est-à-dire de planter le drapeau aux étoiles d'argent sur le territoire convoité d'Haïti. L'Amérique du sud elle-même n'a pu échapper à cette avidité inquiète et dévorante. Le Pérou, l'Equateur, la Nouvelle-Grenade, le Paraguay, le Brésil, ont dû repousser tour à tour des prétentions et des attaques plus ou moins brutales. Toutes les régions bénies, toutes les îles de guano, tous les fleuves souverains ont tenté l'audace de ces aventuriers. Le Rio de la Plata et l'Amazone leur promettaient des conquêtes faciles dans des régions désertes et inconnues; le Paraguay et le Brésil n'ont pu se débarrasser que par la force de quelques essais d'exploitation intérieure qui ne les auraient plus laissés maîtres chez eux.

A quoi bon, d'ailleurs, chercher si loin des preuves d'un système général d'absorption, quand, en ce moment même, des actes publics, la reconnaissance du gouvernement de Walker et la réception de son ambassadeur disent si clairement ce que signifie l'interprétation américaine du traité Clayton-Bulwer? S'il reste à l'Europe un peu de cette prévision et de cette sagesse dont elle a fait preuve dans les affaires d'Orient, la leçon ne doit pas être perdue. L'histoire de la dernière violation du Nicaragua porte avec elle son lumineux commentaire. La raconter, c'est donner la mesure d'une civilisation trop ménagée qui pourrait bien marcher à la barbarie. Nous allons essayer ce récit; les conclusions se dégageront d'elles-mêmes.

IV.

On a souvent essayé de représenter le gouvernement de Washington comme complétement étranger aux actes de flibusterie de ses enfants perdus. Une pareille distinction ne serait pas admise une heure en Europe pour les intérêts qui nous touchent de près. Mais à distance, pour une république modèle, où la liberté individuelle accomplit des prodiges, on est tout disposé à se montrer accommodant. Il entrait, d'ailleurs, dans la politique, nous allions dire dans l'imprévoyance des États européens, de se mêler le moins possible des affaires de l'autre monde, et de laisser à la Providence le soin de décider à quelle race devaient appartenir ces vastes domaines. On a donc toujours accepté comme de l'argent comptant les protestations de neutralité de l'autorité fédérale, même quand cette autorité repoussait tout engagement d'avenir, comme dans la question de Cuba, même quand elle agissait par ses propres agents, comme à Greytown, à Saint-Domingue et aux îles Sandwich. Mais dans l'Amérique centrale, malgré toute la bonne volonté imaginable, il paraît difficile de s'y méprendre. Tous les incidents, toutes les péripéties du drame qui s'achève, ont eu pour acteurs ou pour complices des ministres ou des consuls des État-Unis. On y suit à la trace l'exécution d'un plan longuement conçu, ébauché d'abord par des condottieri, désavoué par prudence tant que le succès n'est pas acquis, et finalement reconnu au moment opportun, dans un but de popularité égoïste et avec l'espérance fondée de l'impunité.

Deux partis se disputaient le pouvoir au Nicaragua. Le parti grenadin ou conservateur avait pour chef le président Chamorro, et le parti démocratique, M. Castillon. Ce dernier, qui avait vécu longtemps en Angleterre, et qui était animé d'intentions très-libérales, a eu le tort grave de vouloir les faire triompher avec l'appui des armes étrangères. La guerre durait depuis plusieurs mois, sans succès décisifs. Les deux villes toujours rivales de Grenade et de Léon maintenaient chacune son drapeau et son prétendant. M. Castillon, qui avait été proclamé président à Léon, enrôla d'abord dans son armée quelques Américains établis à San-Juan-del-Sur et à Virgin-Bay, les deux points extrêmes du chemin de transit entre le Pacifique et le lac de Nicaragua. Ce chemin avait été concédé, le 26 septembre 1849, à une compagnie américaine, et servait de passage à environ deux mille citoyens des États-Unis par mois, qui allaient en Californie par la voie de Nicaragua, plus courte de trois jours et de cinq cents lieues que celle de Panama. Tout était donc préparé d'avance pour une prise de possession politique par le fait d'une prise de possession territoriale et commerciale; et nous verrons tout à l'heure que la compagnie de transit et ses affiliés ont joué en effet un rôle très-considérable dans l'entreprise de Walker.

Ces dernier attendait depuis une année, à San-Francisco, une occasion d'exercer son activité sans emploi. Tout à coup, le bruit courut qu'il venait de conclure avec le parti démocratique un arrangement par lequel il vendait ses services militaires en échange de grandes concessions de terrain. En même temps, il devint de notoriété publique qu'il frétait un navire pour transporter des hommes et des munitions au Nicaragua. Le cas de flibusterie était flagrant. L'autorité locale s'en émut. Mais sa timide intervention ne pouvait avoir aucun effet dans un pays où l'opinion, livrée à elle-même, légitime et glorifie les aventures de ce genre. Walker put donc s'embarquer un jour sans obstacle, avec cinquante-six aventuriers qu'il avait recrutés; et c'est avec cette petite troupe qu'il aborda, le 13 juin de l'année dernière (1855), au port de San-Juan-del-Sur, sur le Pacifique, où il devait se joindre aux partisans de Castillon.

Son début cependant ne fut pas heureux. A peine arrivée, le 29 juin, sa petite troupe était mise en déroute, à Rivas, par les forces du gouvernement grenadin. Mais Walker n'était pas homme à se décourager pour un échec. Il avait un pied sur le territoire de l'Amérique centrale, cela lui suffisait. Il avait laissé des instructions à ses agents à San-Francisco, pour qu'on lui expédiât de l'argent et des renforts. D'autres séïdes, qui entrevoyaient dans l'opération de leur chef des horizons immenses de pouvoir et de fortune, lui cherchaient partout des appuis et des soldats. Walker lui-même écrivait à M. Marcy, le ministre dirigeant de la politique extérieure des Etats-Unis, pour lui persuader que son intervention avait pour but de faire triompher le parti libéral du Nicaragua. Mais déjà il ne s'agissait plus en réalité de cette lutte des démocrates contre les conservateurs; c'était pour lui et les siens que Walker combattait. Les deux adversaires, Chamorro et Castillon, étaient morts. Les Américains établis dans les villes appelaient de tous leurs vœux une autorité de leur race. La compagnie de transit offrait le concours de ses vapeurs et vingt mille dollars. M. Wheeler, le ministre des Etats-Unis, fidèle à la tradition de son ministère, protégeait ostensiblement le nouveau venu, et se tenait prêt à l'aider au besoin. Il ne fallait plus qu'une armée; les agents de Walker la lui envoyèrent; et le 12 octobre 1855, quatre mois après son modeste début, l'ancien président éphémère de la basse Californie put s'embarquer à Virgin-Bay avec quatre cents hommes sur les bateaux à vapeur de la compagnie du transit, arriver ainsi par le lac de Nicaragua à une demi-lieue de crenade, qui était dégarnie de troupes, et, moitié surprise, moitié trahison, s'emparer de la ville sans coup férir.

Avec Grenade, tombaient à la fois le boulevard et le personnel du gouvernement légal; car Walker s'était empressé de faire arrêter comme otages tous les membres de ce gouvernement et une vingtaine des plus notables habitants. Cependant la lutte n'était pas finie. Le général Corral, commandant en chef des troupes conservatrices, se trouvait avec quinze cents hommes à Rivas, où il avait battu Walker quatre mois auparavant, et où il devait l'arrêter encore, si Walker avait marché sur Grenade par la voie de terre. Corral ne savait rien des événements. Il ne supposait pas que la compagnie du transit avait déjoué toutes ses précautions, en mettant ses steamboats à la disposition de son rival. Il fut donc très-surpris de voir arriver M. Wheeler, chargé par Walker de lui apprendre qu'une révolution venait de s'accomplir et de lui porter des *propositions de paix*. Le ministre des Etats-Unis avait accepté cette étrange mission de plaider la cause de l'envahisseur étranger contre le gouvernement national auprès duquel il était accrédité. A cette inexplicable ouverture, le premier mouvement de Corral fut de faire arrêter l'ambassadeur. Mais Walker avait tout prévu ; une goëlette parut quelques heures après dans les eaux de Rivas, qui n'est qu'à trois milles du lac, et quelques coups de canons firent comprendre à Corral quelle était la véritable situation. Il fallait alors ou traiter ou se battre. Le général voulait immédiatement monter à cheval, et, s'il avait suivi son inspiration, ses quinze cents hommes auraient pu couper court à la fortune de Walker. Mais celui-ci, qui comprenait le danger, n'avait pas reculé devant un moyen atroce. Maître de la personne des citoyens les plus importants de l'Etat, il avait fait connaître à Corral que leur vie répondait du succès de la négociation. Passé un premier délai de quarante-huit heures, M. Mayorga, l'un des ministre de l'ancien gouvernement, devait être fusillé ; passé un second délai de soixante-douze heures, un certain nombre des prisonniers de Grenade devaient subir le même sort ; et, pour donner plus de poids à cet *ultimatum*, Walker avait fait accompagner son envoyé par le ministre de la guerre du parti tombé, dont le rôle était d'engager Corral à souscrire à tout pour éviter de plus grands malheurs.

Que se passa-t-il alors? On ne l'a jamais su. Seulement, comme le premier délai de quarante-huit heures expira sans apporter de réponse, M. Mayorga fut impitoyablement fusillé. Il avait, aux yeux de Walker, le tort irrémissible d'avoir osé faire tirer sur un steam-

boat qui portait une partie des envahisseurs ; il était juste qu'il payât
de sa vie l'honneur insigne d'avoir fait son devoir jusqu'au bout.
Quant aux autres prisonniers, la faiblesse de Corral les sauva. Trompé
par M. Wheeler sur les dispositions du pays et sur les forces réelles
de l'invasion, le général courba la tête devant une destinée fatale qu'il
ne se croyait plus en mesure de conjurer. Le traité fut signé. Corral
accepta même les fonctions de ministre de la guerre du nouveau pouvoir ; et, deux jours après, ses troupes désarmées, passées en revue
par Walker, assistaient, à Grenade, au *Te Deum* solennel chanté dans
la cathédrale pour célébrer ce grand événement.

Ainsi fut accomplie, grâce à la trahison des uns et au machiavélisme
des autres, la révolution qui devait avoir de si graves conséquences
pour l'Amérique centrale. Le lendemain, le gouvernement de la conquête était constitué. Il se composait de M. Patrico Rivas pour président, de Walker pour général en chef, du ministre de la guerre
Corral, et d'un certain colonel Parker H. French, que nous verrons
tout à l'heure investi du rôle d'ambassadeur extraordinaire. Walker
avait compris qu'il n'avait aucune chance de faire reconnaître son
droit, si le chef nominal de la république était un étranger. Il avait
donc désigné, pour la présidence du Nicaragua, un membre d'une
famille influente de Leon, et appartenant, non au parti démocratique,
mais à celui de Chamorro. M. Patricio Rivas donnait ainsi une cou-
leur nationale à l'usurpation étrangère. Inutile de dire que M. Wheeler
s'était empressé de saluer le nouveau drapeau. Tout cela s'était fait,
d'ailleurs, en cinq ou six jours ; et le 19 octobre, le journal officiel de
l'invasion, *El Nicaraguense*, qui avait osé comparer la prise de Grenade à celle de Sébastopol, annonçait, en anglais et en espagnol, que
l'ordre régnait au Nicaragua, et qu'une ère nouvelle de prospérité et
de splendeur s'ouvrait pour l'Amérique centrale.

Malheureusement ce n'était là que des phrases à effet, destinées
surtout à entraîner l'opinion aux Etats-Unis. En réalité, Grenade
subissait le régime de la terreur. On avait commencé par frapper une
contribution de 100,000 dollars sur les habitants les plus riches ; puis
on avait prélevé quelques milliers de dollars sur chacune des maisons
de commerce de la ville. En même temps, des scènes de pillage et de
meurtre jetaient l'épouvante dans les esprits et provoquaient la fuite
d'une partie de la population. Au bout de quelques jours, les seize
mille habitants de Grenade étaient réduits à sept à huit mille ; le
commerce était anéanti ; les intérêts européens surtout se trouvaient

frappés à mort. La perte des maisons françaises montait à 1,500,000 fr.;
celle du commerce anglais à 5 ou 6 millions de francs ; et celle des
Etats sardes à 1,200,000 fr. Pour comble de désastres, Walker faisait
peser sur la population indigène un despostisme soupçonneux, bien
opposé aux théories de liberté dont il faisait parade. Toute manifestation indépendante était interdite. La presse, le service postal, la circulation intérieure des individus dépendaient de sa volonté. *Le Nicaraguense*, rédigé par Walker lui-même, chantait sur tous les tons le
bonheur dont il avait doté le Nicaragua ; et, en réalité, la dictature
d'une part, le mécontentement, la misère et l'oppression de l'autre,
tels étaient les premiers fruits du triomphe de l'aventurier.

Cette situation amena, presque immédiatement, un acte odieux,
digne pendant de l'assassinat de Mayorga. Le général Corral s'était
bien vite aperçu qu'il avait été trompé. A peine arrivé à Grenade, la
honte et le regret s'emparèrent de lui. Le spectacle de son pays et des
siens, à la merci d'une poignée de misérables, lui inspira peut-être le
désir de réparer sa faute. Walker n'était maître en définitive que de la
ville de Grenade ; et la population, quoique subjuguée par la terreur,
acceptait si peu la conquête de l'étranger, que Rivas même protestait
par la bouche de son gouverneur contre le traité que venait de conclure le général Corral (1). Celui-ci, d'ailleurs, venait d'apprendre

---

(1) Nous croyons devoir publier ici, comme témoignage des dispositions réelles du
Nicaragua et des moyens employés par Walker, la lettre suivante du gouverneur de
Rivas, écrite à la date du 25 octobre, cinq jours après le traité, à son collègue de la
province la plus voisine de Costa-Rica.

« PRÉFECTURE MILITAIRE DE RIVAS.

« *Monsieur le gouverneur de la province de Moracia (Costa-Rica).*

« Rivas, 25 octobre 1855.

« L'invasion de cette malheureuse république par les flibustiers est un fait consommé.
La ville de Grenade a été prise par surprise, grâce à l'appui qui leur a été donné par la
compagnie du transit, dont les vapeurs ont servi à les transporter ainsi que leur matériel de guerre. Dans cette ville, où il n'y avait qu'un petit nombre de miliciens, beaucoup de personnes notables ont été arrêtées, toutes les maisons livrées au pillage, le ministre des affaires étrangères fusillé, tous les membres du pouvoir exécutif dispersés;
mais celui-ci a pu se réorganiser à Masaya sous les auspices de l'armée qui, disséminée
dans différentes places, a pu se réunir pour tâcher de sauver notre nationalité.

« Les dernières nouvelles, reçues hier, nous annoncent que le général en chef, don
Ponciano Corral, pressé par les instances réitérées de Walker, capitaine des envahisseurs, et peut-être touché du sort des familles retenues en otage, était allé à Grenade
pour conférer avec lui sur les moyens de transaction qui pourraient être adoptés. Nous

quelques circonstances de la mort de Mayorga qui le remplissaient de trouble et d'indignation. Walker avait voulu profiter de la position officielle du ministre des affaires étrangères pour faire adresser par lui à Corral une lettre indigne de tous deux. Mayorga avait refusé. On prétendait même qu'il avait écrit en secret] au général de résister jusqu'au bout, dussent tous les prisonniers être sacrifiés, et que la dépêche avait été saisie par Walker. Ce qui est certain, c'est que Mayorga était tombé avec le courage d'un soldat, en exhortant ses compatriotes à suivre son exemple et à *mourir comme lui plutôt que de transiger avec des bandits.* On devine l'effet produit par tous ces détails sur l'âme de Corral, qui n'avait déposé son épée que pour sauver la vie de ses plus honorables concitoyens. La fermentation, d'ailleurs, était extrême. Les Nicaraguiens, exaspérés, semblaient n'attendre qu'une occasion pour se lever en masse. Déjà un parent du président Chamorro avait lancé une proclamation vengeresse, Corral écrivit au général Guardiola, qui se maintenait dans le nord, de se préparer à reprendre l'offensive pour chasser les Américains. Mais Walker veillait; un traître lui porta la dépêche. Un conseil de guerre fut aussitôt convoqué; et, le lendemain, le général Corral, condamné à l'unanimité sur un réquisitoire de Walker, expiait du moins, par sa mort stoïque, l'heure de faiblesse qui avait perdu son pays.

De pareilles exécutions ne devaient pas, comme on le pense bien, rallier aux envahisseurs les sympathies du peuple vaincu. Il leur fallait donc à tout prix se fortifier par des appels à la mère-patrie et créer

---

ignorons les détails et les dispositions dans lesquelles se trouve mon gouvernement pour accepter une paix peut-être ignominieuse. Je lui ai adressé des observations à ce sujet, en lui communiquant la résolution prise par mes troupes de soutenir à tout prix les droits de la patrie; mais s'il était écrit que Nicaragua doit être subjugué par ses implacables ennemis, cette préfecture et les habitants de Rivas tiennent à savoir par vous si les troupes de Nicaragua, qui voudraient s'asiler sur votre territoire, et les familles persécutées qui chercheront leur salut dans la fuite, trouveront un accueil bienveillant sur le territoire d'une république sœur, pour sauver les restes de l'armée qui, plus tard, peut prendre part à la délivrance de l'Amérique centrale. Du reste, je mets à votre disposition tout notre matériel de guerre.

« Je suis, etc.,

« XATRUCH,
Gouverneur militaire de Rivas. »

Ce Xatruch s'est depuis admirablement conduit dans les guerres nationales, et si on l'avait écouté, il n'y aurait pas eu de capitulation de Rivas, et Walker aurait été pris et pendu comme un bandit.

eux-mêmes autour d'eux un élément social qui leur fût dévoué. A cet effet, un décret fut rendu à Grenade, accordant deux cent cinquante acres de terre (un peu plus de cent hectares) à tout émigrant qui viendrait s'établir sur les lieux et exploiter les terrains ainsi concédés. Des promesses plus séduisantes encore avaient été faites dans les journaux des Etats-Unis à tous ceux qui voudraient suivre la fortune de Walker. En même temps l'habile aventurier faisait envoyer à Washington, au nom du président Rivas, M. Parker French, avec des lettres qui l'accréditaient comme ministre du nouveau gouvernement. La demande de reconnaissance était appuyée par M. Wheeler, qui avait fait un voyage à Washington exprès pour expliquer sa conduite, et dont les vues avaient été complétement approuvées. D'autres intérêts très-importants, dont la compagnie du transit était le centre, réclamaient la réception de M. Parker French et entraînaient la presse dans ce sens. Il en résulta une grande exaltation de la partie flottante et aventureuse de la population, surtout à New-York. La compagnie du transit mettait ses navires à la disposition des émigrants, *pourvu qu'ils fussent jeunes et célibataires*, c'est-à-dire aptes au métier des armes. Le but de cet embauchage public était si évident que le gouvernement fédéral finit par s'en émouvoir. Plusieurs steamers étaient déjà partis de New-York chargés de volontaires. Le cabinet de Washington, qui ne croyait pas alors au succès de l'expédition, fit quelques démarches ostensibles pour empêcher ce qu'il appelait *la violation des lois de neutralité*. Malheureusement ces démarches n'étaient pas assez décisives pour être prises au sérieux. M. Pierce avait bien refusé de recevoir M. Parker French comme ministre d'un gouvernement national; mais il le traitait, d'autre part, avec tant de ménagements, que personne ne prit le change sur ses dispositions réelles ; et les départs pour le Nicaragua, protégés par cette complicité tacite, se succédèrent sans interruption pendant plusieurs mois.

Cependant, la situation de Walker ne s'en trouvait pas beaucoup améliorée. Obligé de vivre d'expédients dans un pays hostile, il fut bientôt à bout de ressources; ses renforts mêmes ajoutaient à ses embarras par leurs exigences. Formés en grande partie de gens tarés, perdus de vices, qui avaient dépouillé en route quelques honnêtes colons égarés parmi eux, ils arrivaient au Nicaragua, non comme des pionniers pour le coloniser et l'enrichir, mais comme des sauterelles pour le dévorer. La défiance et la haine publique s'en accrurent. Toutes les sources du revenu public étaient taries; Walker avait

même épuisé personnellement tous les moyens licites et illicites pour
se procurer de l'argent. Il s'était vu obligé de réduire la solde de
ses troupes de 5 dollars (25 fr.) à 60 cents (3 fr.) par semaine. Le
climat, en outre, les privations et l'intempérance les décimaient d'une
manière effrayante. Dans cet état désespéré, Walker joua le tout pour
le tout. Il lui fallait de l'argent; il mit la main sur les steamers et sur
le matériel de la compagnie du transit. Il fallait occuper ses soldats à
l'extérieur et se donner le vernis d'un homme sûr de ses affaires ; il se
lança dans l'entreprise de Costa-Rica.

Le coup d'Etat des steamers eut un immense retentissement à New-
York ; c'était un acte d'ingratitude si flagrante que le premier mouve·
ment fut tout à l'indignation. Les intérêts se trouvaient, d'ailleurs,
plus vivement atteints encore que les consciences. La place de New-
York subissait directement le contre-coup de la suppression du privilége de la compagnie du transit. En quelques heures, cinq mille actions de cette compagnie s'étaient vendues avec une baisse de 25 à 40
p. 100. Mais, d'un autre côté, on venait de recevoir, par le *Nicaraguense*, un décret de M. Rivas qui concédait les mêmes droits à une
compagnie nouvelle, laquelle comptait aussi de nombreux intéressés à
New-York et à San-Francisco. Il s'engagea alors une discussion très-
vive, et surtout très-édifiante, sur les motifs qui avaient déterminé
Walker à une confiscation aussi exorbitante. En fait, la compagnie dé-
possédée (White et Wanderbilt) n'avait obtenu de l'ancien gouvernement l'énorme privilége du transit que sous condition de payer à l'Etat
certaines redevances. Or, ces redevances, elle les avait toujours élu-
dées, et l'Etat, trop faible, ne les avait jamais exigées par la force. La
compagnie espérait même que l'avénement de Walker changerait cette
tolérance en droit définitif, et elle avait tout fait pour lier le colonel
par la reconnaissance. Mais celui-ci, qui avait besoin d'argent, en réclama; la compagnie, prise au dépourvu, ne lui en donna pas assez,
ou pas assez vite. L'Américain, qui était armé d'un contrat non exécuté, en prononça le retrait, saisit les navires pour garantie de la dette
et vendit la nouvelle charte au plus fort enchérisseur. MM. White et
Wanderbilt eurent beau réclamer auprès du gouvernement fédéral ;
le rôle qu'ils avaient joué auparavant leur avait enlevé tout crédit. On
leur reprocha une lettre insolente, écrite par M. White à l'attorney de
New-York, le 23 décembre dernier, pour revendiquer le droit de
transporter des renforts à Walker, et M. Caleb Cusbing leur déclara
lui-même qu'ils n'avaient rien à attendre de l'administration des Etats-

Unis. La spoliation décrétée fut donc consommée ; seulement, Walker ne put mettre la main sur tous les steamers, et, à son grand regret, sur les plus riches. Le *Cortès* notamment, qui arrivait de San-Francisco avec 120,000 dollars, qu'on aurait bien voulu saisir dans le port de San-Juan-del-Sur, trouva moyen de s'échapper à temps, emmenant à son bord les quatre officiers qui devaient exécuter la saisie du navire et de l'or.

Mais enfin le nouveau gouvernement s'était ainsi procuré quelques ressources ; il songea alors à se faire reconnaître, de gré ou de force, par tous les gouvernements voisins. On sait que l'Amérique centrale se compose de cinq républiques indépendantes : Guatemala, San-Salvador, Honduras, Nicaragua et Costa-Rica. Les trois premières hésitaient : elles ne se sentaient pas assez fortes pour lutter isolées contre les *riflemen* étrangers. Mais Costa-Rica ne partagea pas cette défaillance. République modèle, gouvernée avec une sagesse remarquable par son président, M. Juan-Rafaël Mora, formée d'une population active et honnête, qui donne depuis quinze ans l'exemple de l'ordre dans le travail, elle ne transigea pas une heure avec l'invasion étrangère. Le jour même où cette invasion lui fut connue, M. Mora se prépara à la résistance. Le 25 février 1855, il convoquait le Congrès costa-ricien pour lui demander son concours ; le 27, le Congrès autorisait son pouvoir exécutif à *offrir toutes les forces de Costa-Rica à la république de Nicaragua pour chasser les flibustiers de toute l'Amérique centrale.* Le même jour, l'armée costa-ricienne était portée à 9,000 hommes ; le lendemain, on décrétait un emprunt de 100,000 piastres, garanti par tous les revenus du pays ; et le 1er mars, le président Mora, dans une proclamation digne de Sparte, appelait ses concitoyens aux armes et conviait les autres États à l'union, pour venger la liberté et la patrie commune de l'envahissement de l'étranger.

L'histoire, qui aime les héroïsmes, retiendra cette page inattendue d'un petit peuple presque ignoré. Ce petit peuple allait, d'ailleurs,

---

(1) C'est pour cette saisie de ses steamers par Walker que M. Jos. White réclame aujourd'hui 20 ou 24 millions du gouvernement légitime de Nicaragua ; et c'est pour soutenir cette monstrueuse réclamation que le gouvernement des États-Unis prête son concours à M. White. Il est difficile, comme on le voit, de pousser plus loin le cynisme de part et d'autre. Aussi assure-t-on que le général Martinez ne s'est pas empressé de reconnaître cette dette, et qu'il est tout disposé au contraire à réclamer aux États-Unis et à M. White une somme de 150 millions pour indemniser le Nicaragua de la destruction de Grenade et des autres ravages dont ils ont été les complices.

devenir tout à coup le pivot glorieux de la nationalité espagnole dans le nouveau monde. Walker lui avait envoyé un ambassadeur, le colonel Schlessinger. M. Mora refusa de le recevoir. Walker alors lança sa déclaration de guerre, et ce même colonel Schlessinger entra avec quatre ou cinq cents Américains sur le territoire de Costa-Rica, par la province de Moracia. Mais, à l'appel de son chef et à l'exemple de ses plus puissantes familles, le pays tout entier s'était levé. M. Mora lui-même avait déposé son pouvoir pacifique pour prendre l'épée du com-mandement supérieur. La première rencontre eut lieu le 20 mars à Santa-Rosa, dans le Guanacaste, à huit ou dix lieues seulement de la frontière du Nicaragua. Les Costa-Riciens ne formaient qu'une avant-garde de quatre cents hommes, mais ils défendaient leurs foyers et leur indépendance. Une demi-heure leur suffit pour mettre en fuite Schlessinger et les siens, après leur avoir tué quatre-vingt-dix hommes et fait dix-neuf prisonniers, et pour changer ainsi la face des affaires en renversant les espérances présomptueuses de l'ennemi.

Cette victoire, en effet, sur laquelle personne ne comptait, produisit un revirement subit dans les esprits. Le sentiment national, d'abord découragé, se redressa. Les républiques voisines comprirent qu'elles ne pouvaient demeurer inactives, et il se prépara une véritable coali-tion hispano-américaine contre les aventuriers. Walker, qui sentait le danger, voulut prendre sa revanche en frappant un coup décisif. Réu-nissant l'élite de ses *riflemen*, huit cents hommes environ, il conçut le projet d'enlever San-José, en descendant le fleuve San-Juan, et en re-montant le Sarapiqui jusqu'à une vingtaine de lieues de cette capitale costa-ricienne. L'entreprise était plus hardie que sage, car San-José, située sur un plateau de quinze cents mètres de hauteur, n'avait rien à craindre d'un coup de main. Mais M. Mora ne lui donna pas le temps d'arriver jusque-là. Prenant lui-même une vigoureuse initiative, il entra le 28 mars sur le territoire du Nicaragua, à la tête de deux mille hommes, s'empara successivement de San-Juan-del-Sur et de Virgin-Bay, ce qui le rendait maître de tous les passages ; et, le 7 avril, il prenait possession de Rivas, à la grande joie de ses habitants, juste au moment où Walker venait de la quitter pour traverser le lac de Nica-ragua.

De Rivas à Grenade il n'y a qu'un pas. La retraite de Walker était donc menacée. Il ne s'agissait plus de faire une pointe sur San-José, mais de sauver sa propre capitale. Walker revint à la hâte, débarqua ses troupes, et, les commandant en personne, attaqua, le 11 avril,

cette ville de Rivas où les Costa-Riciens s'étaient retranchés. Le combat
dura deux journées ; la place de la Cathédrale fut prise et reprise
plusieurs fois ; les Nord-Américains y montrèrent un courage et une
obstination dignes d'une meilleure cause ; mais enfin le bon droit
l'emporta. Walker eut beau faire tirer le canon pour célébrer sa prétendue victoire et se vanter d'avoir tué huit cents Costa-Riciens, il
venait en réalité de recevoir le coup de grâce. Son prestige était détruit ; il avait subi des pertes énormes ; la désertion ajoutait encore à
son désastre ; et, chassé en définitive de Rivas, il put voir affichée,
sur les murs des faubourgs, la proclamation de M. Mora qui décrétait
la peine de mort pour tout flibustier pris les armes à la main.

On a blâmé cette mesure de haute justice. M. Wheeler en a pris
texte pour écrire à M. Mora une lettre incroyable, où il le menace de
la vengeance des Etats-Unis s'il persiste à vouloir chasser les Nord-
Américains de Nicaragua. En réalité, M. Mora ne faisait qu'user du
droit strict de la guerre envers des hommes qui ne méritaient aucune
indulgence. Ces hommes n'étaient pas, comme dans nos luttes européennes, les soldats irresponsables d'une cause plus ou moins juste,
mais toujours honorable. C'étaient les complices et les instruments
d'une spoliation violente, dont les procédés rappelaient trop souvent
la vie aventureuse des grandes routes. Il était juste que le code maritime fût appliqué à ces pirates terrestres. Cependant M. Mora eut des
ménagements. L'article 2 de la proclamation dont nous venons de
parler offrait un pardon généreux à tous ceux qui se rendraient. La
peine de mort, d'ailleurs, n'était appliquée qu'après le jugement d'un
conseil de guerre, et cette garantie sauva la vie de tous ceux qui justi-
fièrent qu'ils n'étaient venus au Nicaragua qu'en colons et qu'ils avaient
été engagés de force dans l'armée de Walker (1).

La victoire de Rivas complétait celle de Santa-Rosa. Elle a coupé
court à toutes les tentatives sérieuses de Walker. Les bruits qui ont

---

(1) Les journaux des Etats-Unis ont publié eux-mêmes une lettre de M. Philip
Toohey qui, pris à Santa-Rosa, allait être fusillé, quand il prouva qu'il assistait à l'engagement non comme soldat volontaire, mais comme correspondant d'un journal de la
Nouvelle-Orléans. Il fut donc relâché et retourna à la Nouvelle-Orléans. Mais, à peine
arrivé, il n'eut rien de plus pressé que d'écrire d'odieuses calomnies contre ceux à qui
il devait la vie, et de provoquer un nouveau recrutement en faveur de Walker. Il eut
même l'imprudence de revenir au Nicaragua à la tête d'un renfort do flibustiers. Mais
cette fois son titre de journaliste ne le sauva pas : pris dans une rencontre, il fut reconnu, jugé, condamné et fusillé sans pitié, comme il le méritait.

couru depuis de prétendus avantages remportés par les aventuriers ne
reposent sur aucune donnée positive. Walker lui-même ne s'est plus
fait illusion. Une lettre adressée par lui, le 15 avril, à M. Wheller,
sénateur de la Californie, et publiée par tous les journaux américains,
constate qu'il n'avait plus d'autre espoir que celui de l'intervention
des Etats-Unis. « Je puis ne pas vivre assez, disait-il, pour voir la fin
de cette guerre, mais je sens que mes compatriotes n'en laisseront pas
le résultat incertain. Je sais que l'honneur et l'intérêt du pays que
j'aime à appeler le mien, en dépit du service étranger auquel je me
suis dévoué, sont engagés dans la lutte actuelle. Cet honneur doit
être préservé intact, et ces intérêts doivent être sauvegardés avec
jalousie. » Walker léguait ainsi le triomphe de sa cause au parti des
envahisseurs de la grande république, et ce legs devait être accepté.
Mais, pour lui, il sentait son rôle fini. Toute l'Amérique centrale
s'ébranlait à l'appel de Costa-Rica. M. Mora occupait avec ses troupes
toute la province orientale. Il ne restait plus au conquérant du 13 juillet
que la ville de Grenade pour séjour, et la circulation du lac et du
fleuve San-Juan jusqu'à Greytown, grâce aux steamers dont il s'était
emparé (1).

C'est dans ces circonstances que M. Pierce, donnant un démenti
formel à toutes ses protestations de la veille, se décida, le 14 mai, à
recevoir officiellement le P. Vijil, curé de Grenade, le nouvel envoyé
du Nicaragua, et notifia le lendemain au Congrès, par un message
spécial, la reconnaissance du gouvernement de l'invasion. On se souvient de la douloureuse surprise produite en Europe par cet acte té-
méraire. Trois jours auparavant, les ministres anglais se félicitaient, à
la tribune de leur pays, des assurances de neutralité que venait de

---

(1) L'événement a réalisé depuis ces prévisions. Walker a été obligé de capituler à
Rivas, le 1er mai 1857. Mais avant de quitter la terre qu'il avait couverte de sang et de
ruines, le bandit a voulu s'illustrer par un dernier forfait. La veille de son départ de
Grenade, qu'il ne pouvait plus défendre, il divisa sa petite troupe en escouades, leur mit
à tous des torches à la main, et les lança dans la ville comme des ravageurs. Le mot
d'ordre était absolu : rien ne devait être épargné, ni maisons, ni meubles, ni linge, ni
marchandises. Il fut exécuté à la lettre avec une fureur qui épouvante encore aujourd'hui
les voyageurs. On brûla jusqu'aux traverses des portes, jusqu'aux titres de propriétés ;
et une ville de vingt-cinq mille âmes, qui contenait onze églises très-riches et cent millions de marchandises, fut littéralement anéantie en quelques heures.

Et l'on s'étonne de l'horreur que les Américains du nord inspirent aux habitants de
l'Amérique centrale ! ! !

réitérer le cabinet de Washington. Le dernier courrier de New-York avait même insisté sur ce détail que M. Marcy devait se retirer si l'ambassadeur de Walker était reconnu. Mais il y avait au dessus de M. Marcy l'intérêt de la réélection de M. Pierce, et par conséquent le besoin d'une bruyante popularité. Le cri de détresse de Walker avait été entendu. Ses partisans et ses amis s'étaient réunis; M. Weller avait lu sa lettre du 15 avril en plein Congrès. M. Soulé venait de défendre sa cause dans un *meeting* de la Nouvelle-Orléans. L'opinion dominante voyait avec rage que l'Amérique centrale lui échappât comme Cuba, comme Haïti, comme les îles Sandwich. M. Pierce sacrifia ses devoirs de gouvernement à une manœuvre électorale qui flattait cette fièvre d'annexion. La reconnaissance de Walker fut consommée. Le cabinet de Washington accepta ainsi la solidarité des actes de flibusterie de son peuple; et comme cette rupture morale avec les nobles traditions du passé entraînait logiquement une rupture avec le droit public européen, M. Pierce profita du premier prétexte venu pour envoyer à M. Crampton ses passeports.

Or, les conséquences de cette double mesure ne devaient pas se faire attendre. Du moment où les États-Unis prenaient parti pour Walker, toutes les forces du pays pouvaient être employées à le maintenir. La raison pratique des Américains n'en demanda pas davantage. Dès le lendemain du message, l'*Union* de Washington, journal semi-officiel, plaidait l'incorporation directe du Nicaragua; le 21, le colonel John Allen quittait Louisville, à bord du *Sultana*, avec cent cinquante Kentuckiens allant au secours de Walker; le 23, le *Daniel Webster* embarquait à la Nouvelle-Orléans d'autres renforts, et le même jour, à New-York, avait lieu, en l'honneur des aventuriers, un *meeting* composé de plus de vingt mille personnes. L'élan était donné; le comité de l'invasion était officiellement constitué. Les départs se préparaient sur une immense échelle; l'histoire de l'Orégon, de la Californie et du Texas venait de recommencer pour le territoire de l'Amérique centrale.

Avons-nous besoin maintenant de tirer des conclusions? Ne sommes-nous pas fondés à dire que la querelle des envahisseurs et du traité Clayton-Bulwer cache la plus grosse question de l'avenir? On a voul[u] jusqu'au bout traiter les États-Unis en nation civilisée, séparer l[e] vernement de son avant-garde, prendre au pied de la lettr[e] testations de paix et d'ordre moral. Que reste-t-il aujo[urd'hui] illusions trop bienveillantes? Ne serait-il pas temp[s]

ritable terrain de l'équilibre américain? Les Etats-Unis marchent évidemment vers l'absorption complète du nouveau monde. Après le
Centre-Amérique viendra le Mexique, puis Cuba, puis Haïti, puis le
Canada, puis enfin l'Amérique du sud aura son tour. Les jalons sont
déjà posés. Les entreprises industrielles et agricoles deviennent partout les précurseurs de la domination politique. Il y a une année à
peine s'ouvrait sur le territoire de la Nouvelle-Grenade ce fameux
chemin de fer de Panama, qui réalise la première jonction de l'Atlantique et du Pacifique ; aujourd'hui, à propos d'une émeute provoquée
par le revolver d'un *Yankee*, la Nouvelle-Grenade tremble pour sa sécurité. Peut-il convenir à l'Europe que ce gigantesque projet s'accom-
plisse? N'y a-t-il pas, de l'autre côté de l'Océan, des droits supérieurs
et des intérêts de premier ordre, dont la protection fait partie de notre
héritage chrétien? Le torrent qui vient de rompre ses digues ne porte-
t-il pas avec lui plus de barbarie que de civilisation, et ne nous me-
nace-t-il pas nous-mêmes d'un débordement? Telle est la portée du
conflit anglo-américain ; telles sont les proportions du problème que
l'Occident est appelé à résoudre. Un coup d'œil rapide jeté sur le continent entier du nouveau monde fera comprendre maintenant aux plus
prévenus de quel côté sont le droit, la justice, la loi morale et les
intérêts généraux de la civilisation.

V.

Deux races, deux religions, deux influences essentiellement contraires et hostiles se partagent la terre de Colomb. Au nord, la race
anglo-américaine, issue de souche puritaine, intolérante et hardie,
ambitieuse et active, occupe une région aussi vaste que notre Europe,
du Canada au Mexique, et du Pacifique à l'Atlantique. Au sud, la race
latine, sortie toute entière de la péninsule espagnole, catholique de
religion, nonchalante de mœurs, mais apte à suivre toutes les impul-
sions fécondes, s'étend sur un espace immense, du Mexique au cap
Horn. Toutes les deux ont à peu près le même chiffre de population,
de vingt à vingt-cinq millions d'individus. Mais chez la première, cette
population est compacte, groupée dans des villes puissantes, ou ferti-
lisant des terrains vierges. Chez la seconde, les bras font partout dé-
faut à la nature ; les richesses attendent leurs maitres, et les cités leurs
voies de communication. Au premier abord, ce parallèle est tout à

l'avantage de la race américaine. Mais, en y regardant de plus près, en tenant compte des antécédents et des circonstances locales de chaque pays, en se plaçant surtout au point de vue de la liberté et de la moralité, telles que nous les comprenons en Europe, l'équilibre se rétablit bien vite. Les deux races ont des qualités comme des destinées différentes; mais il faut reconnaître que si l'une étonne par ses grandes œuvres et sa prodigieuse activité, l'autre répond mieux, par son caractère sympathique, par ses tendances et son génie particulier, à notre idéal d'organisation humaine et sociale.

Ce qui a fait l'immense malheur des Etats de l'Amérique du sud, à commencer par le Mexique, et ce qui pèse encore aujourd'hui sur quelques-uns d'entre eux, c'est leur origine. Vice-royautés espagnoles ou portugaises, livrées en pâture pendant trois siècles aux ambitions, aux cupidités, aux vices sans frein d'un favoritisme sans limites, ils ont fatalement hérité de tous les germes de corruption, de bassesse, de défiance populaire, de superstition et d'intolérance déposés pendant ces trois siècles. Les mauvais gouvernements ne désorganisent pas seulement leur époque : leur influence dissolvante pénètre dans le sang même d'une nation, et frappe quelquefois plusieurs générations d'impuissance. La domination espagnole n'avait apporté à l'Amérique que la haine du travail, le préjugé des castes, l'amour des titres sonores, le despotisme aveugle et sans pitié d'une aristocratie vaniteuse. Quand l'heure de l'indépendance est venue, les peuples qui secouaient le joug se sont trouvés sans cohésion, sans lumières, sans confiance réciproque, et surtout sans hommes supérieurs pour les guider. Il s'est produit alors, dans toutes ces républiques improvisées, le même phénomène. Le souffle de la liberté et des vertus qu'elle exige leur inspirait à toutes de magnifiques élans. Mais l'ambition désordonnée de quelques chefs et la rivalité des influences locales ne tardaient pas à changer ces élans en agitations stériles; et c'est ainsi que, depuis 1821, plusieurs Etats de l'Amérique du sud, y compris le Mexique et l'Amérique centrale, n'ont pu réussir encore à comprimer l'anarchie de leurs révolutions périodiques.

Est-ce à dire que la race latine soit moins accessible que toute autre aux séductions de l'ordre, du travail, de la justice et des avantages généraux de la civilisation? Nous ne pouvons accepter ni cette conclusion, ni même le principe absolu de l'inégalité des races. Pour les peuples, plus encore que pour les individus, le milieu dans lequel ils vivent, décide de leur sort. Le génie bienfaisant d'un homme, la puis-

sance respectée d'une institution, suffisent pour changer la face d'un
empire. C'est à la sagesse de Washington et de ses illustres collaborateurs que l'Union a dû son développement et sa durée. Or, le milieu
qu'ils ont créé a donné une impulsion égale à tous les éléments étrangers dont se compose aujourd'hui la grande république. Une statistique récente constatait ce résultat significatif que sur les 149 membres
d'une législature d'Etat, il ne se trouvait qu'un seul homme de parenté
américaine; encore ce *natif* unique avait-il pour père un Irlandais.
N'est-ce pas là une démonstration souveraine de cet axiôme consolant
qu'aucune race n'est irrévocablement déshéritée, et que si les caractères sont divers, il y a parité presque complète dans les aptitudes
civilisatrices.

L'histoire de l'Amérique du sud, d'ailleurs, depuis la proclamation
de son indépendance, nous fournit elle-même à cet égard des témoignages concluants. Le Brésil, que son immense étendue semblait devoir condamner à la dissolution et à la guerre civile permanente, jouit
depuis de longues années d'une paix profonde, et réalise, en présence
des Etats-Unis, le type d'un gouvernement monarchique plus libéral,
mieux obéi, et surtout plus honnête qu'une république. Le Chili et
Costa-Rica, de leur côté, quoique soumis aux mêmes conditions ori-
ginelles que leurs voisins, ont trouvé moyen d'échapper à la destinée
commune; et leur prospérité sans trouble, basée sur le travail et sur
le respect de la loi, prouve surabondamment qu'ils étaient mûrs pour
l'indépendance. Pour le grand empire brésilien, il s'était rencontré
fortuitement un principe d'unité nationale dans la personne d'un
rejeton de la maison de Bragance. C'était un prestige souverain, qui
fixait la forme du gouvernement, écartait les compétiteurs du pouvoir
suprême, et maintenait l'homogénéité de l'ancienne colonie portugaise.
Mais aucune bonne fortune de ce genre n'est venue favoriser le travail
d'organisation des deux républiques. Elles ont dû puiser en elles-
mêmes et dans le patriotisme éclairé de leurs principaux citoyens les
conditions matérielles et morales de leur existence. Or, le Chili poursuit depuis vingt-huit ans sa carrière de paix et d'améliorations con-
tinues; Costa-Rica donne à l'Amérique centrale l'exemple des
avantages de l'ordre, aussi bien pour la sécurité extérieure que pour
le développement intérieur. L'épreuve est donc aussi complète que
possible, et l'on ne saurait plus désormais, sans injustice, refuser aux
peuples sud-américains ce droit qu'ils réclament, par leurs actes, de
faire partie des peuples civilisés.

Sans doute, il y a des exceptions regrettables. Le Pérou, la Bolivie,
l'Equateur et dix autres républiques voisines de l'Amazone ou de Rio
de la Plata, ne sont pas fermement assises sur leurs constitutions;
mais, dans ces Etats eux-mêmes, le progrès est sensible. Le Pérou a
joui, pendant six ans, d'une tranquillité parfaite sous l'administration
du général Castilla. Le Guatemala doit à la dictature du président
Carrera un état de calme relatif, dont le bienfait survivra à son auteur. Là même où la fièvre des révolutions se prolonge, comme à
Buenos-Ayres et à Montevideo, ces révolutions ont singulièrement
perdu de leur intensité. L'agriculture et le commerce étranger s'en
aperçoivent à peine. C'est encore l'état d'inquiétude d'un pays qui
n'a pas trouvé l'homme ou la loi qu'il lui fallait; ce n'est plus la lutte
acharnée et sanglante de passions ou d'intérêts irréconciliables. Le
besoin de l'ordre est partout, aussi bien que celui de la liberté. On
peut même dire que, sous ce rapport, presque toutes les constitutions
sud-américaines sont des chefs-d'œuvre. Les mœurs, d'ailleurs, de
ces populations trop peu connues suffiraient pour leur mériter les
sympathies des Européens. Tandis que les sectes les plus monstrueuses
recrutent des adeptes aux Etats-Unis et que la multiplicité des aber-
rations religieuses y trouble les consciences les plus fortes, toute
l'Amérique latine reconnaît le même culte, professe le même dogme
et s'incline devant la même autorité spirituelle. Tandis que la moitié de
la grande république proclame la légitimité de l'esclavage et pousse la
barbarie de cette institution jusqu'à ses dernières limites, le Brésil poursuit la traite, saisit les négriers et dirige la police de l'Océan contre le
commerce nord-américain. Il a été constaté, l'année dernière, dans une
saisie de ce genre opérée sur les côtes brésiliennes, que New-York était
le siége d'une immense association de capitaux et de navires destinés à
la traite. Récemment encore, le *Falmouth*, appartenant probablement à
cette association, a été arrêté en flagrant délit et vendu à l'encan faute
d'être réclamé. N'est-ce pas dire que cette société américaine si ad-
mirée est bien près de faire divorce avec le sens moral et tous les
sentiments chrétiens ? Elle marche aux élections le *revolver* à la main;
elle repousse l'étranger et le catholicisme au nom d'un parti exclusif;
elle foule aux pieds le droit public de l'Europe, que l'Amérique du
sud invoque comme un palladium. Entre ces deux civilisations rivales,
le choix pour nous ne saurait être douteux. L'Europe doit aller où
elle sera bien reçue, où tous les cœurs lui sont ouverts, où la liberté

civile est aussi large que la liberté politique, où la morale chrétienne
règne sans conteste, où ses intérêts surtout, ses intérêts économiques
les plus précieux, trouveront toujours, quoi qu'il arrive, une pleine
satisfaction.

Cette question de nos intérêts économiques est plus grave qu'on
ne pense. Les principales importations des États-Unis sont le blé et
le coton. Or, le blé peut nous venir de l'Algérie, des Principautés
danubiennes, de la Russie méridionale, de l'Egypte et même de l'Asie
Mineure. Quant au coton, dont la culture prend un grand développement de l'autre côté de la Méditerranée, il ne sera bientôt plus pour
nous un objet d'importation indispensable. Pour le reste, les États-
Unis n'ont guère que des produits similaires des nôtres. Tous leurs
efforts d'ailleurs, tendent à se passer de l'Europe et à fermer un jour
leur marché à nos industries. Dans l'Amérique du sud, au contraire,
le champ des échanges comme celui de l'émigration n'a pas de bornes.
Continent essentiellement agricole, avec des richesses minéralogiques
inépuisables, il possède tout ce que nous n'avons pas, il a besoin de
tout ce que nous fabriquons. Ses forêts vierges, ses bois de teinture
et d'ébénisterie, son café, son indigo, sa cochenille, son caoutchouc,
ses métaux de toute espèce, son coton même et son sucre ouvrent à
notre commerce des horizons infinis. Les troupeaux de ses *pampas*
nourriraient toute l'Europe affamée. Les douze cents lieues de l'Amazone et ses deux cent cinquante affluents suffiraient à tous les besoins
d'émigration. Et avec le génie bienveillant et sympathique qui domine
dans ces régions, avec les tendances libérales de leurs législations
douanières, plus elles seront riches et peuplées, plus notre marché
industriel s'agrandira ; plus la solidarité de nos échanges nous apportera de virtualité et de bien-être réciproques.

Or, cette civilisation chrétienne de l'Amérique centrale et méridionale
en appelle aujourd'hui à notre justice pour la sauver ; elle nous demande par toutes ses voix le patronage de notre droit public ; elle
réclame, elle aussi, son entrée dans le concert européen, et la garantie
de son autonomie menacée par l'invasion. La nature a élevé pour elle
une barrière dans l'Amérique centrale : il lui semble juste que l'Europe protége cette barrière contre des flibustiers et des pirates. Ce
n'est pas à ses yeux une affaire de guerre, c'est une affaire de gen-
darmerie internationale. La partie turbulente des États-Unis peut
s'exalter à son aise ; mais le jour où l'Occident, s'appuyant sur le
traité Clayton-Bulwer, aura proclamé de nouveau la neutralité du

Nicaragua, toute cette exaltation tombera devant un fait. Ce n'est pas avec quatorze mille hommes et une marine presque exclusivement commerciale qu'on parle sérieusement de guerre à la France et à l'Angleterre; et plus un pays est riche de son activité et de ses échanges, plus il doit craindre de se lancer dans une aventure dont le premier effet serait la ruine de son commerce, la suspension de ses gigantesques entreprises, d'incalculables catastrophes particulières, et peut-être, pour comble de désastres, la guerre civile.

Cette situation de l'Amérique vis-à-vis de nous sera-t-elle comprise? nous l'ignorons. Mais il est une considération dernière dont l'importance frappera peut-être la pensée publique. L'ancienne vice-royauté de Guatemala, qui forme aujourd'hui la confédération du Centre-Amérique, n'est pas seulement une contrée féconde, admirablement dotée comme température et comme productions; c'est la grande artère future du commerce du monde entier; c'est la terre prédestinée de ce Bosphore américain, qui supprimera le cap Horn et rapprochera, de trois mille lieues, la Chine, le Japon et la Polynésie. Tout est préparé pour cette grande révolution économique. Le fleuve San-Juan et le lac de Nicaragua sont déjà sillonnés de bateaux à vapeur. Les régions riveraines sont couvertes de forêts séculaires qui suffiraient pendant des siècles à toutes les marines du monde. Il ne manque au Nicaragua que la sécurité et l'indépendance. Cette indépendance, l'heure semble venue de la décréter; cette sécurité, l'Europe a le droit de l'exiger au nom de ses propres intérêts. Or, c'est dans cette intervention de sa toute-puissance que réside pour nous, pour l'Amérique du sud, pour les États-Unis eux-mêmes, la véritable solution de l'équilibre du nouveau monde.

Félix Belly.

III.

MANIFESTE DU GÉNÉRAL MARTINEZ

LE LENDEMAIN DE SON AVÉNEMENT A LA PRÉSIDENCE DE NICARAGUA.

Tomas Martinez, général de division et président de la république de Nicaragua, à ses concitoyens et à tous les peuples de l'Amérique centrale.

La division de notre grande famille en cinq nationalités fournit une occasion favorable à la cupidité de ceux à qui font envie la fertilité de nos terres et l'admirable position topographique de notre isthme; elle est la cause de la tenacité de ces envahisseurs, qui prendront mille formes pour atteindre leur but de rapt et d'extermination ; elle est la raison de notre retard dans la voie du progrès, au milieu de tant d'é- léments de prospérité, et peut-être nous conduira-t-elle à notre ruine, si nous persistons à laisser rompre le lien de fraternité qui doit nous unir. La division fait que l'injustice et le malheur pèsent si lourde- ment sur nos têtes, aujourd'hui que toute moralité a disparu, que l'intérêt isolé d'une nation est devenu une raison d'Etat, que le nombre fait droit, et que la force vaut titre.

Notre race et notre nom courent le plus grand péril. Le vandalisme, qui est encore debout et toujours menaçant, nous a envahis au milieu de la tranquillité la plus parfaite, et comme vous l'avez vu, il a violé nos foyers, incendié nos villes et nos villages, outragé notre indépen- dance. Quand tant de douloureux événements se sont passés sous nos yeux, quand de nouveaux malheurs se préparent encore, c'est un crime de s'endormir dans une léthargie profonde, de rester dispersés quand nous devrions concentrer nos forces et réunir tous les éléments de résistance pour combattre ensemble, faire respecter nos droits, ou mourir avant d'avoir vu le dernier jour de notre patrie.

Nous sommes arrivés à un moment où il s'agit uniquement de défendre avec énergie, loyauté et constance, la terre que la Providence nous a donnée, d'opposer une digue infranchissable au torrent débordé de ces aventuriers, sous peine de leur abandonner honteusement cette même patrie, avec ses terres et ses eaux, ses villages et ses temples, sa religion et ses libertés publiques. Nous devons marcher d'accord, guidés par une autorité unique, dirigés par un gouvernement commun. C'est pour cette proposition que j'élève ma faible voix, et que j'offre la coopération que je puis donner comme président du Nicaragua. Je trahirais mon pays et ma conscience, si je ne disais pas aux gouvernements et aux peuples de l'Amérique centrale : « Unissons-nous, formons comme auparavant une seule république au lieu de cinq, afin que nous soyons plus grands, plus forts et plus respectés. Quelles frivoles raisons de politique nous séparent, en semant la division, entre populations identiques à tous les points de vue ? La politique dissolvante est une fausse politique, que le sentiment général repousse, et contre laquelle protestent les faits de chaque jour. C'est une politique de malentendus purement locaux ; fille de rivalités surannées de province à province, et qui produit les fruits amers que nous récoltons aujourd'hui. Abjurons-la donc dans cette pensée que le principe qui réunit les individualités est le principe qui crée les grandes nations, et qui préside au progrès et à la civillisation de l'humanité.

Ce serait une honte pour moi que de me trouver à la tête des destinées du Nicaragua, et d'avoir l'ambition de conserver la présidence pour faire obstacle par une passion personnelle à l'unité du Centre-Amérique ! Quelle ambition serait la mienne ! une ambition taillée à la mesure des désirs des ennemis de la patrie. Ce sont eux qui veulent maintenir nos cinq nationalités, pour avoir plus facilement raison de chacune d'elles, pour accomplir leurs projets d'iniquité. Je ne serai pas l'ambitieux qui leur donnera cette occasion en m'opposant à la reconstitution de la république de l'Amérique centrale. En ce moment même, j'invite les gouvernements de nos frères à réunir dans un congrès les cinq présidents des cinq républiques de l'Amérique centrale pour délibérer sur les moyens de constituer un gouvernement unique, qui mette un terme à nos petites divisions et relève notre dignité nationale. Je n'ai point encore commencé ma période constitutionnelle,

mais ma joie serait grande si je pouvais auparavant résigner mon autorité entre les mains du président de l'Amérique centrale.

Je fais appel à mes compatriotes, à quelque parti qu'ils appartiennent, pour travailler d'un commun accord au grand œuvre de la régé-
nération nationale. Peu importent les formes politiques qui préoccupent
la pensée, si l'existence même du sujet qui doit les recevoir est com-
promise. *Etre ou ne pas être*, telle est la question du moment; plus tard
nous songerons à la manière d'être.

Nous avons dépensé nos forces, nous avons répandu notre sang
pour de misérables passions, pour des intérêts mesquins, pour des
illusions de gouvernement ; consacrons aujourd'hui toutes nos facultés
à sauver la patrie sous l'égide d'une seule loi et d'une seule autorité, en
traitant cette grande question avec prudence et un accord fraternel.
Plus que jamais, nous avons besoin d'harmonie et de paix ; le crime de
les altérer est devenu un parricide. Paix et union nationales à l'intérieur, courage et constance pour résiter et repousser l'ennemi commun, sont les vertus civiques qui doivent se développer dans la crise
actuelle. Je fais tous efforts pour conserver la paix au Nicaragua, et
la bonne harmonie avec les gouvernements qui sont nos frères. Je
désire, et je suis disposé à coopérer au rétablissement du gouvernement fédéral, et je sens en moi assez de résignation pour exposer et
perdre ma vie pour la défense de ma patrie. Comme je pense que
tous mes compatriotes ont les mêmes sentiments, je crois que l'avenir
nous appartiendra si nous faisons un effort simultané. Cet avenir
ne sera pas seulement prospère, il sera aussi glorieux pour nous tous.

Managua, 10 avril 1858.

TOMAS MARTINEZ.

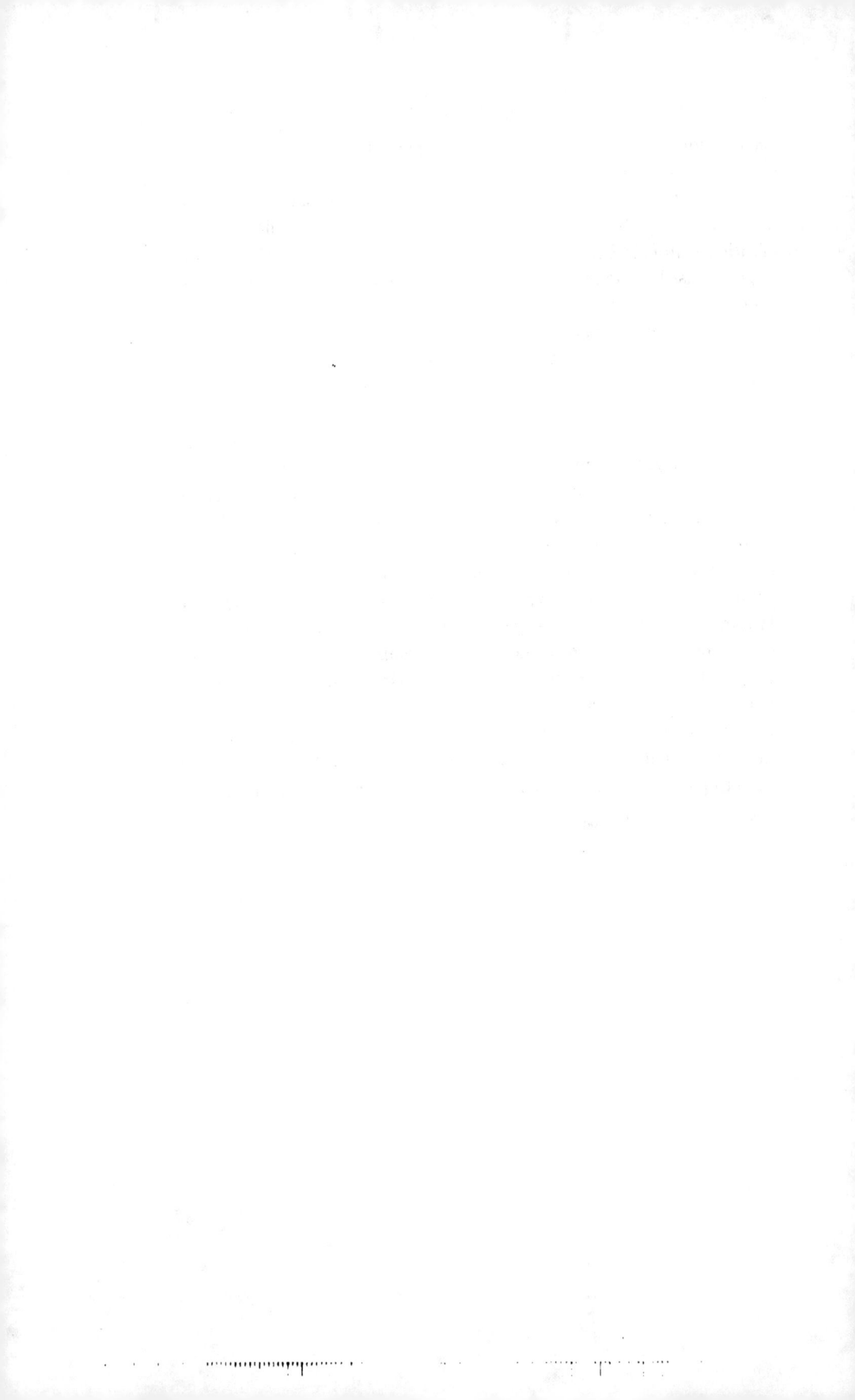

IV.

DOCUMENTS OFFICIELS

SUR LA QUESTION ANGLO-AMÉRICAINE.

———

I.

Traité Clayton-Bulwer.

CONVENTION

ENTRE LES ÉTATS-UNIS ET SA MAJESTÉ BRITANNIQUE

DANS LE BUT DE FACILITER ET DE PROTÉGER LA CONSTRUCTION D'UN CANAL DE GRANDE NAVIGATION ENTRE LES OCÉANS ATLANTIQUE ET PACIFIQUE, ET DANS D'AUTRES BUTS.

(Cette convention a été conclue le 19 avril 1850, ratifiée par les États-Unis le 25 mai, échangée le 4 juillet, et promulguée par les Etats-Unis le 5 du même mois et de la même année 1850.)

Les Etats-Unis d'Amérique et Sa Majesté Britannique, désirant consolider les relations d'amitié qui existent si heureusement entre eux, en exprimant et fixant par un traité leurs vues et intentions à l'égard de certains projets de communication au moyen d'un canal maritime qui pourrait être construit entre les océans Atlantique et Pacifique, par la voie de la rivière San-Juan de Nicaragua et de l'un ou des deux lacs de Nicaragua et de Managua, aboutissant à un port ou à tout autre endroit sur l'océan Pacifique ; — le président des Etats-Unis a conféré pleins pouvoirs à M. John M. Clayton, secrétaire d'Etat de la République, et Sa Majesté Britannique a investi de pouvoirs semblables le très-honorable sir Henry Lytton Bulwer, membre de son conseil privé, chevalier commandeur du très-hono-

rable ordre du Bain, envoyé extraordinaire et ministre plénipotentiaire de Sa Majesté Britannique aux Etats-Unis pour l'objet dont il
s'agit. Les plénipotentiaires susnommés, après avoir échangé leurs
pleins pouvoirs et les avoir trouvés en bonne forme, ont adopté les
articles qui suivent :

ARTICLE PREMIER.

Le gouvernement des Etats-Unis et celui de la Grande-Bretagne
déclarent par ces présentes que ni l'un ni l'autre ne prétendra jamais
obtenir ou conserver pour lui-même aucun contrôle exclusif sur le
canal de navigation projeté; consentant à ce que ni l'un ni l'autre ne
puisse jamais élever ou maintenir aucunes fortifications qui pourraient commander ce canal ou être établies dans son voisinage ; chacun
d'eux renonçant à occuper, fortifier ou coloniser, comme à prendre
ou à exercer aucun pouvoir sur les Etats de Nicaragua, de Costa-Rica,
sur la côte des Mosquitos, ou sur aucune partie de l'Amérique centrale ; renonçant aussi de part et d'autre à profiter d'aucune protection que l'un ou l'autre fournirait ou pourrait fournir, d'aucune
alliance que l'un ou l'autre aurait ou pourrait avoir, sur ou avec aucun
Etat ou aucune nation, dans le but d'élever ou de maintenir aucunes
fortifications de cette sorte, ou d'occuper, fortifier ou coloniser le
Nicaragua, le Costa-Rica, la côte des Mosquitos, ou aucune autre
partie de l'Amérique centrale, ou de prendre ou exercer un pouvoir
quelconque sur les mêmes pays ; les Etats-Unis et la Grande-Bretagne
renonçant également à tirer avantage d'aucune intimité ou à profiter
d'aucune alliance, relation ou influence que l'une ou l'autre des parties pourrait avoir avec aucun des Etats ou des gouvernements à travers les territoires desquels passerait le canal en question, dans le but
d'acquérir ou de prendre, directement ou indirectement, pour les
citoyens ou les sujets de l'une d'elles exclusivement, par rapport au
commerce ou à la navigation par ledit canal, aucuns droits ou avantages qui ne seraient pas offerts dans les mêmes termes aux citoyens
ou aux sujets de l'autre également.

ART. II.

Les vaisseaux des Etats-Unis, ou ceux de la Grande-Bretagne, dans
la traversée du canal dont il s'agit, devront, en cas de guerre entre
les parties contractantes, être exempts de tout blocus, arrêt ou cap-

ture par l'une comme par l'autre des parties belligérantes ; et cette disposition favorable devra être étendue à une certaine distance des deux extrémités du canal susdit, telle d'ailleurs qu'il pourra paraître ultérieurement convenable de la déterminer.

ART. III.

Dans le but d'assurer la construction dudit canal, les parties contractantes promettent que,—si cette voie de communication est entreprise dans des termes honnêtes et équitables par des compagnies ayant l'autorisation du gouvernement local ou des gouvernements à travers le territoire desquels ledit canal pourra passer, — les personnes qui travailleront à cette construction, et leurs biens employés, ou qui pourront être employés pour cet objet, seront protégés, depuis le commencement de l'entreprise jusqu'à son entier achèvement, par les gouvernements des Etats-Unis et de la Grande-Bretagne contre toute injuste détention, confiscation, saisie, ou toute autre violence quelconque.

ART. IV.

Les parties contractantes emploieront toute l'influence qu'elles peuvent respectivement exercer vis-à-vis des Etats ou des gouvernements possédant ou prétendant posséder un pouvoir ou un droit quelconque sur le territoire que traversera le canal, ou qui sera près des eaux qu'il pourra être avantageux d'y employer, pour amener ces Etats ou ces gouvernements à faciliter la construction dudit canal par tous les moyens en leur puissance. Et, en outre, les Etats-Unis et la Grande-Bretagne conviennent d'employer leurs bons offices, en tel lieu et de telle manière qu'il pourra être à propos, pour procurer l'établissement de deux ports libres, dont un à chaque extrémité dudit canal.

ART. V.

Les parties contractantes promettent en outre que, lorsque le canal sera achevé, elles le protégeront contre toute interruption, saisie ou injuste confiscation, qu'elles en garantiront la neutralité, de telle sorte que ledit canal soit pour toujours ouvert et libre, et que le capital qui y aura été employé soit assuré. Néanmoins, les gouvernements des Etats-Unis et de la Grande-Bretagne, en accordant leur protection à la construction dudit canal, et en garantissant sa neutralité et sa sécurité après achèvement, entendent toujours que cette protection et cette garantie sont données conditionnellement, et qu'elles pourront être retirées par les deux gouvernements, ou par l'un d'eux, dans le cas où les deux gouvernements ou l'un d'eux jugerait que les personnes ou la compagnie chargée de l'entreprise ou de l'administration dudit canal adoptent ou établissent, concernant le trafic, des règlements en opposition avec l'esprit et l'intention de cette convention, soit en faisant des distinctions injustes en faveur du commerce de l'une des parties contractantes au préjudice de l'autre, soit en imposant des contributions oppressives ou des droits de péage déraisonnables sur les passagers, les bâtiments, biens, denrées, marchandises ou autres articles. Aucune des deux parties, cependant, ne pourra retirer les protection et garantie ci-dessus spécifiées sans en avoir prévenu l'autre six mois d'avance.

Art. VI.

Les parties contractantes dans cette convention promettent d'inviter chaque Etat avec lequel toutes deux, ou l'une ou l'autre d'entre elles peuvent avoir des rapports d'amitié, à entrer avec elles dans des stipulations pareilles à celles qu'elles ont conclues l'une et l'autre, à telle fin que tous les autres Etats puissent participer à l'honneur et à l'avantage d'avoir contribué à l'accomplissement d'un travail d'un si grand intérêt général et d'une si grande importance que doit l'être le canal dont il s'agit, considéré à ce point de vue. Les parties contractantes conviennent pareillement que chacune d'elles devra entamer des négociations et entrer dans la voie des traités avec tel des Etats de l'Amérique centrale qu'elle jugera à propos, dans le but d'amener à bonne fin la grande entreprise qui fait l'objet de cette convention, à savoir : de construire et d'entretenir, ainsi que de protéger le canal dont il s'agit dans des conditions égales pour tous, ce canal devant être considéré comme un moyen de communication maritime entre les deux Océans et devant pour cette raison profiter au genre humain tout entier; elles conviennent aussi que les bons offices de chacune d'elles devront être accordés, quand l'autre les demandera, pour aider et appuyer les négociations qui auront pour but les stipulations d'un pareil traité; et, si quelques difficultés, quant au droit et à la propriété sur le territoire que ledit canal devra traverser, venaient à s'élever entre les Etats ou gouvernements de l'Amérique centrale, et que ces diffi-

cultés fussent de nature à empêcher ou arrêter l'exécution du canal
projeté, les gouvernements des Etats-Unis et de la Grande-Bretagne
emploieront leurs bons offices à régler ces difficultés de la manière la
plus convenable pour faire prévaloir les intérêts dudit canal, et pour
fortifier les liens d'amitié et d'alliance qui existent entre les parties
contractantes.

Art. VII.

Comme il est à désirer qu'il n y ait pas de temps perdu sans nécessité avant de commencer et de construire le canal en question, les gouvernements des Etats-Unis et de la Grande-Bretage arrêtent qu'ils
donneront leur appui et encouragement à telles ou telles personnes ou
à telle compagnie qui offriront les premières de se charger de l'entreprise, possédant d'ailleurs le capital nécessaire, ayant l'agrément des
autorités locales, et réunissant les autres conditions ainsi que les autres
éléments en harmonie avec l'esprit et le but de cette convention ; et,
si quelques personnes ou compagnie avaient déjà, avec l'Etat dont le
canal projeté devra traverser le territoire, un traité pour la construction d'un canal tel qu'il vient d'être spécifié dans cette convention,
traité aux stipulations duquel ni l'une ni l'autre des parties contractantes dans cette convention n'auraient à opposer aucune juste objec-
tion, et si, de plus, lesdites personnes ou compagnies avaient fait des
préparatifs, employé du temps, des capitaux, et pris des soins assidus,
sur la foi d'un tel traité, il est convenu par ces présentes que telles
personnes ou compagnie auront un droit de priorité dans leurs prétentions, sur toutes autres personnes ou compagnie, à la protection des
gouvernements des Etats-Unis et de la Grande-Bretagne, et qu'il leur
sera accordé un délai d'un an à partir de la date de l'échange des ratifications de cette convention, pour prendre leurs arrangements et fournir
justification d'un capital souscrit suffisant à l'entière exécution de l'entreprise projetée; étant entendu que si, à l'expiration du délai ci-
dessus fixé, ces mêmes personnes ou compagnie n'étaient pas en état
de commencer et mener à son terme l'entreprise proposée, alors les
gouvernements des Etats-Unis et de la Grande-Bretagne seraient
libres d'accorder leur protection à toutes autres personnes ou compagnie qui seraient en mesure de commencer et de poursuivre la construction du canal en question.

Art. VIII.

Les gouvernements des Etats-Unis et de la Grande-Bretagne ayant voulu, quand ils sont entrés dans cette convention, non pas seulement accomplir un objet particulier, mais encore établir un principe général, conviennent par ces présentes d'étendre leur protection, au moyen d'une condition du traité, à toutes autres voies praticables de communication, soit canal ou chemin de fer, destinées à traverser l'isthme qui joint l'une à l'autre l'Amérique du nord et l'Amérique du sud, et spécialement aux communications inter-océaniques, pourvu qu'elles soient démontrées praticables, tels que le canal ou le chemin de fer qui sont maintenant proposés pour être établis par la voie de Tehuantepec ou de Panama. En accordant toutefois leur commune protection à des canaux ou chemins de fer, tels qu'ils viennent d'être spécifiés par ce présent article, il est toujours entendu par les Etats-Unis et par la Grande-Bretagne que les parties qui construiront ou qui posséderont ces mêmes voies ne pourront y imposer d'autres charges ou conditions de trafic que celles que les gouvernements susdits approuveront comme justes et équitables; et que les mêmes canaux ou railway, étant ouverts aux citoyens et aux sujets des Etats-Unis et de la Grande-Bretagne, dans des conditions égales, devront l'être également dans les mêmes termes aux citoyens et aux sujets de tous autres Etats qui voudront accorder à ces mêmes établissements une protection semblable à celle que les Etats-Unis et la Grande-Bretagne s'engagent à leur donner.

Art. IX.

Les ratifications de cette convention devront être échangées à Washington dans les six mois à partir de ce jour, ou plus tôt s'il est possible.

En foi de quoi, nous, les plénipotentiaires respectifs, avons signé cette convention, et y avons apposé nos sceaux.

Fait à Washington, le dix-neuf avril de l'an de grâce mil huit cent cinquante.

JOHN M. CLAYTON. (L. S.)

HENRY LYTTON BULWER. (L. S.)

II.

Déclaration.

En procédant à l'échange des ratifications de la convention signée à
Washington, le 19 avril 1850, entre Sa Majesté Britannique et les
Etats-Unis d'Amérique, ayant pour objet l'établissement d'une communication au moyen d'un canal de navigation entre l'océan Atlantique et l'océan Pacifique, le soussigné, plénipotentiaire de Sa Majesté
Britannique, a reçu de Sa Majesté des instructions d'après lesquelles
il déclare que Sa Majesté n'entend pas que les engagements pris dans
cette convention soient applicables à l'établissement qu'elle possède
dans le Honduras, ni aux dépendances de cet établissement. La ratification que Sa Majesté donne à ladite convention est échangée sous la
déclaration formelle qui précède.

Fait à Washington, le 29 juin 1850.

H. L. BULWER.

III.

Memorandum.

SECRÉTARIAT D'ÉTAT.

Washington, 5 juillet 1850.

La déclaration de sir H.-L. Bulwer fut reçue par moi le 29 juin
1850. En réponse, je lui adressai ma note du 4 juillet, où je reconnais
avoir entendu que la partie anglaise du Honduras n'a pas été comprise dans le traité du 19 avril dernier ; mais, en même temps, j'ai
évité avec soin de me prononcer affirmativement ou négativement à
l'égard du titre de l'Angleterre à l'établissement dont il s'agit et à ses
prétendues dépendances. Après avoir signé ma note la nuit dernière,
je la remis à sir Henry, et nous procédâmes immédiatement et sans
désemparer à l'échange des ratifications dudit traité. L'adhésion du

Sénat à la déclaration ne fut pas demandée, et le traité fut ratifié tel qu'il était quand il fut fait.

JOHN M. CLAYTON.

N. B. Les droits d'aucun des Etats de l'Amérique centrale n'ont été compromis par le traité, ni par aucune partie des négociations.

———————

IV.

M. Clayton à Sir H. L. Bulwer.

SECRÉTARIAT D'ÉTAT.

Washington, 4 juillet 1850.

MONSIEUR,

J'ai reçu la déclaration que votre gouvernement, par ses instructions, vous a chargé de me faire, concernant le Honduras et ses dépendances, et dont une copie est jointe ci-après.

Le *libellé* du premier article de la convention conclue le 19 avril dernier, entre les Etats-Unis et la Grande-Bretagne, décrivant le pays qui ne devait point être occupé, etc., par aucune des parties, a été, comme vous le savez, approuvé deux fois par votre gouvernement; et il ne fut entendu ni par lui ni par aucun de nous (qui étions chargés de la négociation) que ce libellé dût comprendre l'établissement anglais du Honduras (connu sous le nom de *British Honduras*, pour le distinguer de l'État du Honduras), ni les petites îles qui existent au voisinage de cet établissement et qui en sont notoirement des dépendances. Aucun de nous n'eut l'idée que l'acte que nous dressions s'appliquât à cet établissement et à ces îles. Quant au titre à l'occupation de cet établissement et dépendances, mon intention, pendant tout le cours des négociations, a été et est encore de le laisser, comme le traité le laisse, sans y apporter ni négation ni affirmation, sans m'y immiscer aucunement; de le laisser, en un mot, tel qu'il était précédemment. Le président de la commission des affaires étrangères du Sénat, l'honorable William R. King, m'informe que « le Sénat avait

parfaitement entendu que le traité ne comprenait pas le British Honduras. » Il a été entendu que cette convention s'appliquait à tous les
États de l'Amérique centrale, Guatemala, Honduras, San Salvador,
Nicaragua et Costa-Rica, qu'il embrasse en effet avec leurs limites
exactes et leurs dépendances. La difficulté qui s'élève en ce moment
semble provenir de l'emploi que nous avons fait dans notre convention de l'expression « Amérique centrale » que nous avons adoptée,
parce que le vicomte Palmerston y a acquiescé et qu'il l'a employée
comme le terme propre; et nous avons supposé naturellement que,
par cette raison, l'emploi que nous en faisions satisferait votre gouvernement; mais, si maintenant votre gouvernement se propose de
retarder l'échange des ratifications jusqu'à ce que nous ayons pu déterminer les limites précises de l'Amérique centrale, il nous faut ren-
voyer tout acte ultérieur jusqu'à ce que nous ayons, de part et d'autre,
des informations ultérieures aussi, que nous n'avons pour le moment
aucuns moyens de nous procurer, et que certainement nous ne pour-
rions obtenir avant l'expiration du terme fixé pour l'échange des ratifications. Il n'y a pas lieu d'imaginer que tel soit l'objet que s'est proposé votre gouvernement; car non-seulement cette marche retarderait,
mais encore elle annulerait la convention.

Naturellement aucun changement ne peut être apporté à la convention, en l'état où elle est actuellement, sans qu'il en soit référé au
Sénat; et je ne pense pas que vous ayez autorité pour proposer aucun
changement. Mais, à la première occasion, un article conventionnel,
établissant clairement quelles sont les limites de l'Amérique centrale
pourra devenir utile.

Il y a une autre question plus importante encore, question que les
stipulations de la convention nous indiquent de poser, mais que vos
instructions ne vous permettent pas, pour le moment, de déterminer
et je désire que vous appeliez sur ce point l'attention de votre gouvernement. « C'est, à partir des deux extrémités du canal projeté, la distance dans laquelle les vaisseaux des États-Unis et ceux de la Grande-
Bretagne, faisant la traversée du canal, devront, en cas de guerre
entre les parties contractantes, être à l'abri de tout blocus, détention
ou capture par l'une ou l'autre des parties belligérantes. » La question est d'un grand intérêt, et je serai heureux d'être mis au courant
des intentions de votre gouvernement à cet égard, aussitôt qu'il lui
conviendra de prendre une résolution sur ce point.

Je vous renouvelle, Monsieur, l'assurance de la considération distinguée avec laquelle j'ai l'honneur d'être votre obéissant serviteur.

JOHN M. CLAYTON.

Au très-honorable sir Henry L. Bulwer, etc., etc.

V.

Lord John Russell à M. Crampton.

Londres, 19 janvier 1853.

MONSIEUR,

En vous entretenant de l'affaire Mosquito, je dois, en premier lieu, vous reporter à la dépêche de lord Malmesbury, du 6 juillet 1852, sur ce sujet. Il est évident que, depuis que la Grande-Bretagne a entrepris pour la première fois la protection et la défense des Indiens du Mosquito, la position de toutes les parties a changé.

1° L'Espagne, au lieu d'exercer une souveraineté absolue sur l'Amérique centrale et d'empêcher tout commerce sur les côtes qui étaient sous son autorité, a totalement perdu son pouvoir sur le continent depuis le cap de Horn jusqu'à la Floride.

2° Les Indiens Mosquitos, au lieu de gouverner leur tribu selon leurs coutumes, fournissent un nom et un titre aux Européens et aux Américains qui viennent commercer à Greytown et le long de la côte des Mosquitos, conformément aux usages des nations civilisées.

3° La Grande-Bretagne, au lieu d'avoir un intérêt à défendre les Indiens du Mosquito, dans le but de délivrer une partie du territoire de l'Amérique centrale de la domination espagnole, et d'obtenir protection pour son commerce, n'a pas d'autre intérêt dans le Mosquito que celui qui découle d'une considération justement acquise par ses anciens rapports avec la nation indienne des Mosquitos.

Le gouvernement de Sa Majesté s'est efforcé, pendant plusieurs années, de faire cadrer ses engagements avec les divers changements survenus dans la situation. Mais toutes les propositions présentées dans ce but ont rencontré des obstacles insurmontables. Les contestations qui se sont élevées dans l'Amérique centrale entre le Nicaragua, le Costa-Rica et le Honduras ; l'absence d'une autorité à l'abri de laquelle doit être formé un accommodement durable; les jalousies sans fondement à l'égard de la Grande-Bretagne, et diverses autres circonstances, ont empêché le règlement de cette question malencontreuse.

Conformément aux opinions exprimées dans la dépêche de lord Malmesbury, du 16 juillet, à laquelle je vous ai reporté plus haut, je dois constater que la commission de gouvernement de Greytown est, par le fait, le pouvoir réel qui exerce autorité dans cette partie de l'Amérique centrale. Il serait indifférent au gouvernement de Sa Majesté que l'autorité fût exercée au nom du roi du Mosquito ou au nom de Greytown elle-même. Mais il est à désirer que l'on fasse accorder, aussitôt que possible, les apparences avec la réalité. Les apparences sont que le roi du Mosquito exerce la souveraineté sur Greytown ; la réalité, c'est qu'il n'y a pas la moindre autorité, mais que la commission formée d'Européens et d'Américains gouverne ce port.

Ce que le gouvernement de Sa Majesté considérerait comme un arrangement heureux et définitif, ce serait, d'abord, que Greytown fût déclaré port franc et indépendant, uni au Mosquito par tels rapports d'amitié et d'alliance sur lesquels on pourrait s'accorder;—puis, qu'il fût assuré au Mosquito un dédommagement et des avantages équivalents à ceux qui sont accordés par le projet de convention du 13 avril 1852, en retour de ce qu'il aurait renoncé à sa position présente par égard pour Greytown; — enfin, que la Grande-Bretagne et les États-Unis, sans se rendre caution pour Greytown, fussent prêts à agir de concert pour défendre son indépendance, comme ville ou port libre, contre toute agression. Ce qui serait essentiel et d'une importance immédiate, ce serait que les autorités de Greytown fussent prêtes à accepter cette indépendance, soit absolue et non tempérée, en s'engageant à défendre le Mosquito, soit tempérée, en promettant au Mosquito allégeance et appui. Dans ce but, une personne ayant qualité pour traiter se rendrait en même temps à Greytown. Que ce fût un officier de la marine au service de Sa Majesté, ou bien un fonctionnaire civil, pourvu que cette personne fût à la hauteur d'une pareille mission, ce serait à vous de le décider. Il serait à souhaiter, si le gouvernement des États-Unis devait concourir au développement de ses desseins, qu'une nouvelle convention, destinée à remplacer le projet non accepté d'avril 1852, fût proposée et conclue, et qu'un agent ayant les qualités qui viennent d'être indiquées fût envoyé par ce gouvernement en même temps et pour le même objet.

J'ai seulement à ajouter que l'indemnité revenant au Mosquito pourrait ne pas être fournie en argent, mais avec plus de garantie au moyen d'une étendue de territoire déterminée, sur laquelle le port franc de Greytown, avec l'aide des vaisseaux de guerre de Sa Majesté, pourrait s'organiser pour défendre la nation des Mosquitos. Le gouverneur général du Canada et d'autres autorités qui gouvernent d'autres possessions britanniques dans l'Amérique du nord ont pris de temps à autre des arrangements analogues. Le Président des Etats-Unis a souvent fait des traités avec les Indiens dans un but semblable. La particularité du cas qui nous occupe est que certains Etats voisins s'entendent pour ne pas reconnaître l'indépendance de la nation mosquite, et celle-ci est exposée journellement à de nouvelles incursions sur son territoire. Nous ne pouvons la garantir complétement contre ce danger. Notre politique est de faire tout ce que l'honneur et l'humanité réclament en faveur des Mosquitos. Mais nous entendons nous conformer rigoureusement au traité de Washington du 19 avril 1850, et ne pas faire acte de souveraineté, soit directe, soit indirecte, dans l'Amérique centrale.

V.

M. BELLY ET L'OR DU NICARAGUA.

On ne lira pas sans intérêt la lettre suivante, qui, à part les renseignements sérieux qu'elle contient, est un échantillon assez curieux des appréciations d'un Américain du nord résidant au Nicaragua.

(Extrait du journal américain le *New-York Herald.*)

CORRESPONDANCE DE SAN JUAN DEL NORTE.

16 juin 1858.

« Votre journal étant réputé le mieux informé en ce qui concerne l'Amérique centrale, vous voudrez bien me permettre de vous adresser quelques renseignements sur les récents développements de cette belle, mais malheureuse contrée. J'ai habité quelque temps les provinces de l'intérieur où est la région des mines, et je suis fondé à apprécier l'importance du Nicaragua à ce point de vue. Peut-être éclaircirai-je un peu le mystère qui enveloppe le voyage de M. Belly, Français savant et distingué, dans les territoires de Costa-Rica et Nicaragua; voyage dont le mystère a bouleversé toute la presse américaine.

« Il est certain que M. Belly a d'autres desseins sur le Nicaragua que d'y collectionner des specimens d'histoire naturelle pour le Musée impérial. La stabilité de la Banque de France, et, comme conséquence mathématique, la stabilité de la dynastie napoléonienne, dépendent, on le sait, de leur puissance à payer. Une prime de plus de soixante millions de francs sur l'or a été payée dans ce but en 1856

et 1857 aux banquiers juifs. La France sent actuellement le besoin
d'avoir dans sa dépendance un pays tributaire, produisant de l'or,
qui serait pour elle ce que la Californie est pour les Etats-Unis, et
l'Australie pour l'Angleterre. Tel est le Nicaragua. Aucune contrée à
la surface de la terre, ne contient, dans une même étendue de territoire, de plus riches dépôts de métaux précieux. Les districts de Segovia, Matagalpa et Chontales sont couverts de mines d'or et d'argent,
dépassant de beaucoup en produit net les plus fameuses mines du
Pérou et du Mexique. Toutes ces mines sont d'un facile accès et
situées dans une contrée aussi fertile que salubre. La formation miné-
rale est exploitable sur une grande étendue et à peu de frais, avec la
certitude d'immenses résultats. J'ai puisé ces renseignements dans les
ouvrages de Squier, Frederickstall, dans les rapports officiels du juge
Campbell, ainsi que dans le *Nicaraguense* et les correspondants du
Herald. Des notions très-précises sur ce sujet sont recueillies en
France dans les rapports de Bastannère, Charbonnière et d'autres
géologues et métallurgistes français, qui ont exploré ces régions dans
ces dernières années. Les mines d'or, dont plusieurs sont déjà ouvertes depuis cinquante ans, produisent en moyenne, avec les machines imparfaites, usitées actuellement, près de 75 dollars par tonne
exploitée; de meilleurs procédés permettraient facilement de doubler
ce produit.

« La dépense totale d'exploitation du minerai ne dépasse jamais
20 dollars par tonne, et peut être réduite de moitié. Bastannère
m'assura, d'après ses observations personnelles, que toute la chaîne
de montagnes du Chontales pourrait être entièrement rasée, et que
toute sa substance pouvait passer à travers les machines et produire,
tant en or qu'en argent, près de 100 dollars par tonne. Les mines
d'argent sont les plus riches. Vingt tonnes de ce minerai, venant de
la mine de Mestiza, dans les Chontales, envoyées à Londres pour y
être réduites, ont donné le produit extraordinaire de *quatorze cents
dollars par tonne.* Une compagnie au capital de douze millions de francs
se formait à Paris pour l'acquisition et l'exploitation de ces mines,
quand le gouvernement du président Martinez publia son nouveau
décret sur les mines, interdisant aux étrangers l'entrée du district des
mines. Voilà pourquoi plusieurs de ces mines ne sont pas exploitées,
quoique appartenant à des Américains. On croit que les chefs politiques de Costa-Rica et Nicaragua, en redoublant d'efforts pour
fermer récemment ces mines précieuses, avaient en vue ce grand

projet Belly, qui consiste à égaliser les revenus en lingots des trois grandes puissances : la France, l'Angleterre et les Etats-Unis.

« Ainsi M. Belly, dans le poétique langage de Stephens, abandonne les plantes et les fleurs qui éclosent sans être vues, si ce n'est par l'Indien qui passe, pour livrer son génie à des spéculations plus matérielles et moins sublimes! Ce n'est plus un voyageur naturaliste! Il fait ses calculs et trouve que l'or et l'argent peuvent circuler à Paris à cinq pour cent au-dessous du cours actuel de la monnaie en Europe. Il économisera ainsi l'immense intérêt payé aux juifs, au grand profit des propriétaires. Il s'assure immédiatement, avec Costa-Rica et Nicaragua, une souveraineté de dix pour cent sur tous les métaux précieux extraits du sol de ces contrées; *ce qui donne à M. Belly le plus magnifique monopole du monde!* Il a soin de mettre sa concession sous la protection de l'Empereur, et insinue modestement que l'Empereur établira un protectorat sur le Nicaragua, et que même il construira le canal par lui projeté autrefois.

« Vous comprenez avec quelle volupté les présidents Martinez et Mora se sont jetés dans les bras de M. Belly qui doit leur assurer une telle suprématie politique. »

(New-York Herald du 30 juin 1858.)

TABLE DES MATIÈRES.

CHAPITRES.

DOCUMENTS.

Paris. — Imprimerie de Paul Dupont, rue de Grenelle-Saint-Honoré, 45. (983-84)

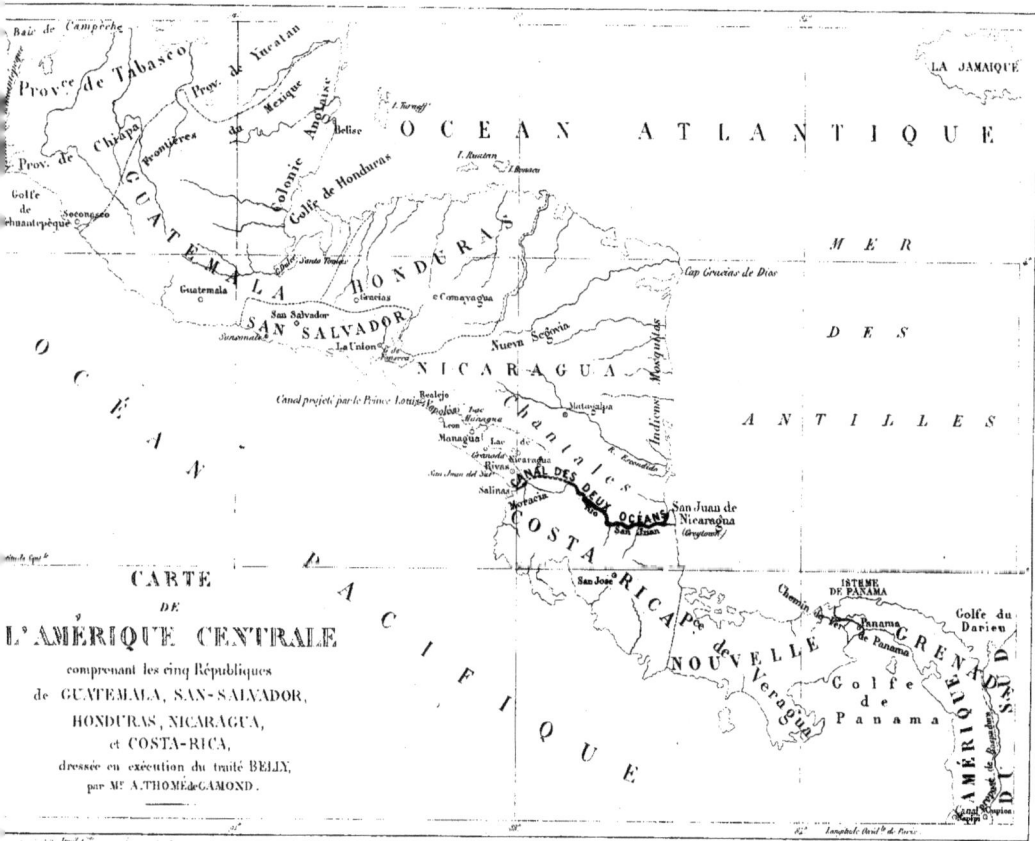

Baie de Campèche

LA JAMAÏQUE

Prov. de Tabasco

Prov. de Chiapa

Prov. de Yucatan

Frontières

Prov. de Mexique

I. Turneff

Colonie Anglaise

Belise

OCEAN ATLANTIQUE

Golfe de Honduras

I. Roatan

I. Bonaco

Golfe de Tehuantepèque

GUATEMALA

St. Santo Tomas

HONDURAS

MER

Cap Gracias a Dios

Guatemala

DES

San Salvador

SAN SALVADOR

Sonsonate

La Union

e Comayagua

Indiens Mosquitos

ANTILLES

Nueva Segovia

NICARAGUA

OCÉAN

Canal projeté par le Prince Louis

Realejo

Bluefields

Matagalpa

Chiboló

Lac Managua

León

Chontales

R. Escondido

Managua

Lac de Nicaragua

Granada

Rivas

San Juan del Sur

CANAL DES DEUX OCÉANS

San Juan de Nicaragua

Salinas

Moracia

(Greytown)

San Juan

PACIFIQUE

COSTA RICA

San Jose

ISTHME DE PANAMA

Golfe du Darien

CARTE

DE

L'AMÉRIQUE CENTRALE

comprenant les cinq Républiques

de GUATEMALA, SAN-SALVADOR,

HONDURAS, NICARAGUA,

et COSTA-RICA,

dressée en exécution du traité BELLY,

par Mr A.THOMÉ de GAMOND.

Chemin de fer de Panama

Panama

GRENADE

NOUVELLE

de Veragua

Golfe de Panama

AMÉRIQUE DU

Canal Napino

Longitude Oriental de Paris

CARTE
indiquant le tracé
du CANAL de NICARAGUA
conformément au traité BELLY
Réduction de la Grande Carte originale
de l'Avant-Projet,
par M. A. THOMÉ DE GAMOND.

Échelle de 100 Kilomètres.